职业教育物联网应用技术专业改革创新教材

物联网编程与应用
（应用篇）

主　编　余劲松

副主编　陈天翔　龙　菲

参　编　李　翔　王金波　曹　译

机械工业出版社

本书采用任务驱动的编写模式构建物联网上位机编程的知识体系。内容设计根据物联网编程特点，以项目之间的逻辑关系为层次依据进行组织，结合实际、任务驱动，在循序渐进的项目实践中推进和深入知识点解析，提高学生解决实际问题的能力。

本书从物联网的典型应用出发，深入剖析了智能家居管理系统、RFID智能图书馆管理系统、RFID智能血液管理系统、RFID智能停车管理系统和RFID智能病房管理系统5个物联网技术应用项目。每个项目都从项目情景、项目概述、任务、项目拓展几个模块进行详尽阐述。项目侧重点各不相同，涉及目前实际生产和生活中常见的物联网技术，如RFID技术和ZigBee技术等，为读者全面深入了解和掌握物联网技术应用开发奠定了良好基础。

本书可作为各类职业院校物联网应用技术专业的教材，也适合作为对物联网技术有兴趣的社会人员的参考书。

本书配有电子课件和源代码，选用本书作为教材的教师可登录机械工业出版社教育服务网（www.cmpedu.com）免费注册下载或联系编辑（010-88379194）索取。

图书在版编目（CIP）数据

物联网编程与应用·应用篇/余劲松主编. —北京：机械工业出版社，2017.7
职业教育物联网应用技术专业改革创新教材
ISBN 978-7-111-57053-0

Ⅰ. ①物… Ⅱ. ①余… Ⅲ. ①互联网络—应用—中等专业学校—教材 ②智能技术—应用—中等专业学校—教材 Ⅳ. ①TP393.4 ②TP18

中国版本图书馆CIP数据核字（2017）第130246号

机械工业出版社（北京市百万庄大街22号 邮政编码100037）
策划编辑：梁 伟 责任编辑：李绍坤 陈瑞文
责任校对：马立婷 封面设计：鞠 杨
责任印制：常天培
涿州市京南印刷厂印刷
2017年7月第1版第1次印刷
184mm×260mm·10.5印张·222千字
0001–2000册
标准书号：ISBN 978-7-111-57053-0
定价：34.00元

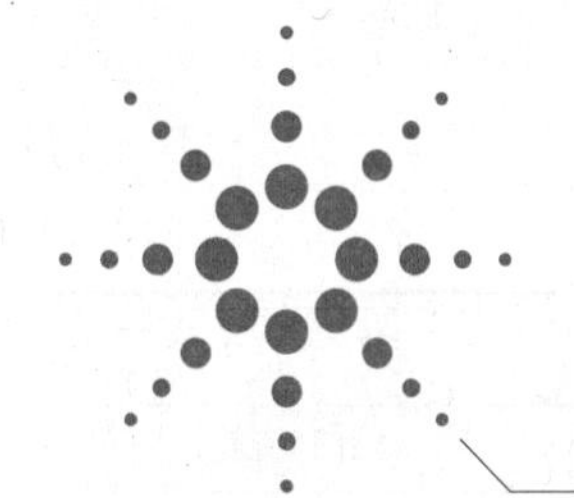

前言

物联网是国家新兴战略产业中信息产业发展的核心领域，将在未来国民经济发展中发挥重要作用。目前，物联网是全球研究的热点问题，其发展规划已在各国都提至国家级战略高度，大量的呼声称其为继计算机、互联网之后世界信息产业的第三次浪潮。而新技术发展需要大批专业技术人才，为适应国家战略性新兴产业发展的需要，加大信息应用人才培养力度，许多中职学校也已开始利用已有的专业基础和教学条件设置物联网工程技术专业或修订人才培养计划，推进课程体系、教学内容、教学方法的改革和创新，以满足新兴产业发展对物联网技术人才的迫切需求。为满足中职电子信息类相关专业的教学需求及社会各界对了解信息网络新技术的迫切要求，编者编写了本书。在新课改背景下，编者在研究学科内容的过程中不断寻求突破，旨在针对传统教学重知识点讲授、轻实践性教学的特点，紧紧抓住学生的知识结构、认知特征和兴趣导向，将知识点项目化，使得枯燥的讲授变为生动的体验，以此对中职“物联网编程与应用”课程实施情景式项目教学改革。

本书选择了贴近现实生活的情景引入项目，将单一、枯燥的知识点贯穿于趣味性强的项目情景之中，使知识点巧妙融合，打包集成在项目内，整个过程由师生共同实现完整项目，让学生在实践中亲身体验，了解知识点的应用领域，从而实现理论与技能的融会贯通。同时，每个项目的选取和设置均与专业有一定的联系，很好地将学生所学专业与工具课程有机地结合在一起。

全书主要内容如下：

项目1构建智能家居管理系统，实现智能家居管理系统的基本网络连接，完成基本环境数据检测和基本设备控制，并且能够保持环境数据及控制参数。

项目2构建RFID智能图书馆管理系统，实现RFID智能图书馆管理系统的构建，利用RFID标签及读写装置完成图书的借阅、盘点、新书入库、遗失处理及相关统计功能。该系统的实现能够方便校园图书管理，具有较强的实用性。

项目3构建RFID智能血液管理系统，实现RFID智能血液管理系统的构建。该系统能够从血液采集开始记录血液的基本情况及血液来源的基本情况，在血液的保存过程中充分保障血液的安全及健康，有较强的实用及推广价值。

项目4构建RFID智能停车管理系统，实现RFID智能停车管理系统的构建。该系统能够在停车全过程中实现车辆的自动识别和信息化管理，提高车辆的通行效率和安全性，同时还能统计车辆出入数据，方便调度，以减轻管理人员的劳动强度，从而提高工作效率。该项目同样也与工作实践紧密结合，实用性强。

项目5构建RFID智能病房管理系统，实现RFID智能病房管理系统的构建。该系统通过RFID实现数据的便捷录入、实时存储及更新，于后台进行数据的处理输出，使得患者易于上手操作，减轻了医务人员的工作量，各种医疗设备也能够方便地实现自助使用，数据处理的精度与速度都大大提高，因此整个医疗流程的效率也得到了很大的提高。

本书由5个项目组成，分为21个任务进行细化实践，同时另有4个项目拓展作为巩固练习，建议总学时数为86学时，具体学时分配见下表。

建议学时安排			
项　　目	任　　务	学　时　数	项目学时数
项目1　构建智能家居管理系统	任务1　读取网络基础数据	2	20
	任务2　绘制网络结点拓扑图	4	
	任务3　实现无线控制	4	
	任务4　智能家居模式控制	2	
	任务5　实现环境监测	2	
	任务6　保存监测数据	4	
	项目拓展	2	
项目2　构建RFID智能图书馆管理系统	任务1　盘点图书	4	14
	任务2　实现借书等相关操作	4	
	任务3　实现对图书的统计	4	
	项目拓展	2	
项目3　构建RFID智能血液管理系统	任务1　血液入库	2	18
	任务2　用血申请	4	
	任务3　用血管理	4	
	任务4　血液出库	4	
	项目拓展	4	
项目4　构建RFID智能停车管理系统	任务1　完成停车模块	4	18
	任务2　完成车位情况管理模块	4	
	任务3　完成取车模块	2	
	任务4　完成记录查询模块	4	
	项目拓展	4	
项目5　构建RFID智能病房管理系统	任务1　完成系统设置	2	16
	任务2　病人挂号	2	
	任务3　病房管理	6	
	任务4　数据处理	4	
	项目拓展	2	

本书由余劲松任主编，陈天翔和龙菲任副主编，参加编写的还有李翔、王金波和曹译。

在本书的编写过程中，得到了部分老师和上海企想公司的帮助，在此谨向所有给予帮助的同志深表谢意。

由于编者水平有限，书中难免存在不足与疏漏之处，敬请各位专家及广大读者批评指正。

编　者

CONTENTS目录

目录 CONTENTS

项目5　构建RFID智能病房管理系统

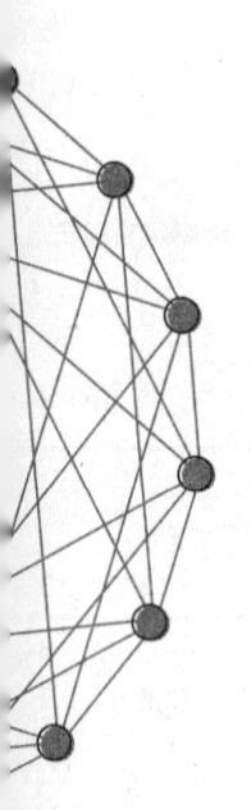

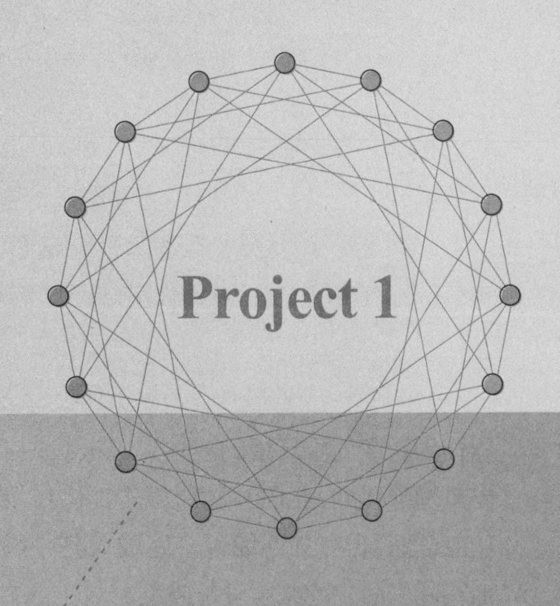

项目1

构建智能家居管理系统

项目情景

智能家居是以住宅为平台，利用综合布线技术、网络通信技术、安全防范技术、自动控制技术、音视频技术，将与家居生活有关的设施进行集成，构建高效的住宅设施与家庭日程事务的管理系统，提升家居住宅的安全性、便利性、舒适性、艺术性，实现环保节能的居住环境。

智能家居系统能够让住户享受轻松随意的生活。出门在外，主人可以通过手机、计算机进行远程遥控，如在回家的路上提前打开空调和热水器；抵达住宅时系统借助门磁或红外传感器自动开启过道照明，且在电子门锁开启时撤销安防，开启室内照明迎接主人的归来；而家中的各种电器提供人性化服务，窗帘按需开合，浴缸自动放水并调节水温，音响、灯光可以预设相关场景参数，学习时能以护眼的照明强度营造舒适安静的阅读环境，而在入睡前则可以一键享受轻松浪漫的温馨氛围……这一切，主人都可以惬意地坐在沙发上从容操作，一个遥控终端便能实现；厨房配有可视电话，可以

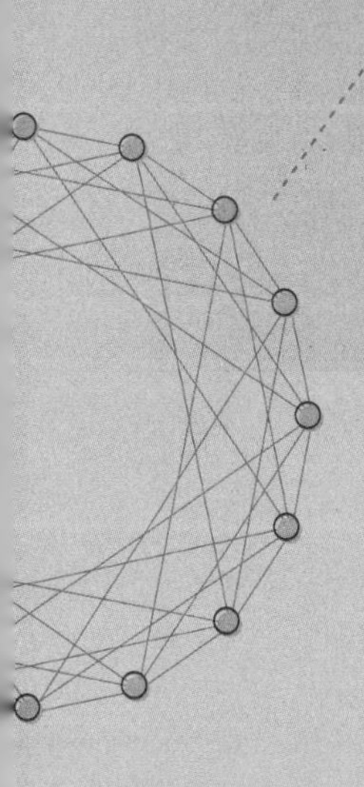

一边做饭一边接听电话或查看门外的来访者；在外上班时，家中情况可显示在办公室的计算机或手机上，实时监控；安防系统还能拍下家中无人时的来访者，供住户查询。

怎么样？听上去是不是像科幻电影中曾经令你惊叹不已的场景？这样的场景可不再是充满想象力的空谈，只要你愿意，你也可以一手打造。

项目概述

智能家居管理系统以企想QX-IHIM物联网实验平台为依托，以平台上的各类传感器作为获取周围环境的载体，以板载蜂鸣器模拟安全警报灯、步进电机模拟窗帘、直流电机模拟风扇、LED灯模拟家居照明、数码晶体管模拟空调，另增加摄像头及求助按钮功能。系统通过C#编程，完成对各个终端（包括传感器）的信息收集及设备控制，模拟实际生活中的家居设备控制。

本项目要求学生掌握通过程序获取环境参数，控制各个设备的基本技能，能够通过设置不同的环境参数使设备进行相应的响应。

本项目的任务体系如图1-1所示。

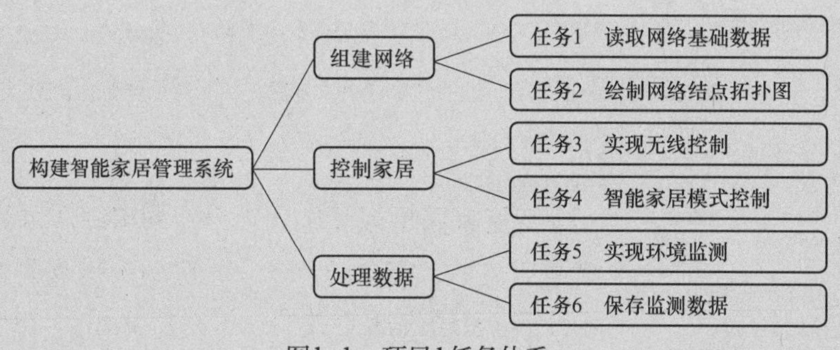

图1-1　项目1任务体系

硬件及软件环境

（1）硬件环境

1）Bizideal ZigBee V25协调器1个。

2）Bizideal ZigBee V25结点板3块。

3）LED 灯组、数码管、温湿度传感器、可燃气体传感器、烟雾传感器、光敏传感器、步进电机、直流电机等设备。

4）PC 1台，RS-232串口线1条，5V直流电源。

（2）软件环境

1）操作系统：Microsoft Windows XP或Microsoft Windows 7。

2）软件开发平台：Microsoft .NET Framework 4.0。

3）软件开发环境：Visual Studio 2010。

4）软件开发语言：C#。

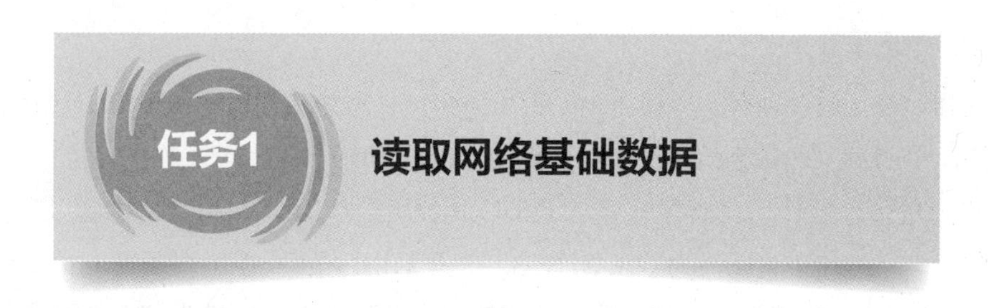

任务分析

图1-2所示为智能家居控制系统的拓扑结构图，协调器处于星形网络拓扑结构的中心位置，通过串口与计算机连接，再通过ZigBee无线网络与各个结点联络。因此要控制每个结点的设备，首先需要控制协调器，进而获取网络中的相关基础数据。本任务就是要实现通过C#程序连接协调器，并且获取相应的网络基础数据。

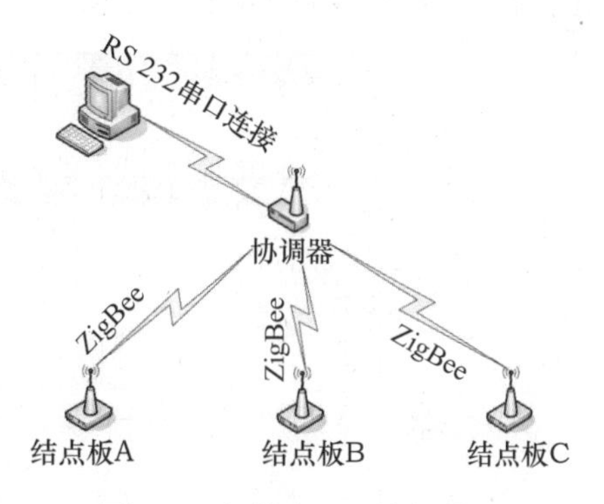

图1-2　智能家居网络拓扑图

任务实施

1. 新建项目

启动Microsoft Visual Studio 2010，新建Visual C#项目，项目名称为“SmartHome”，如图1-3所示。

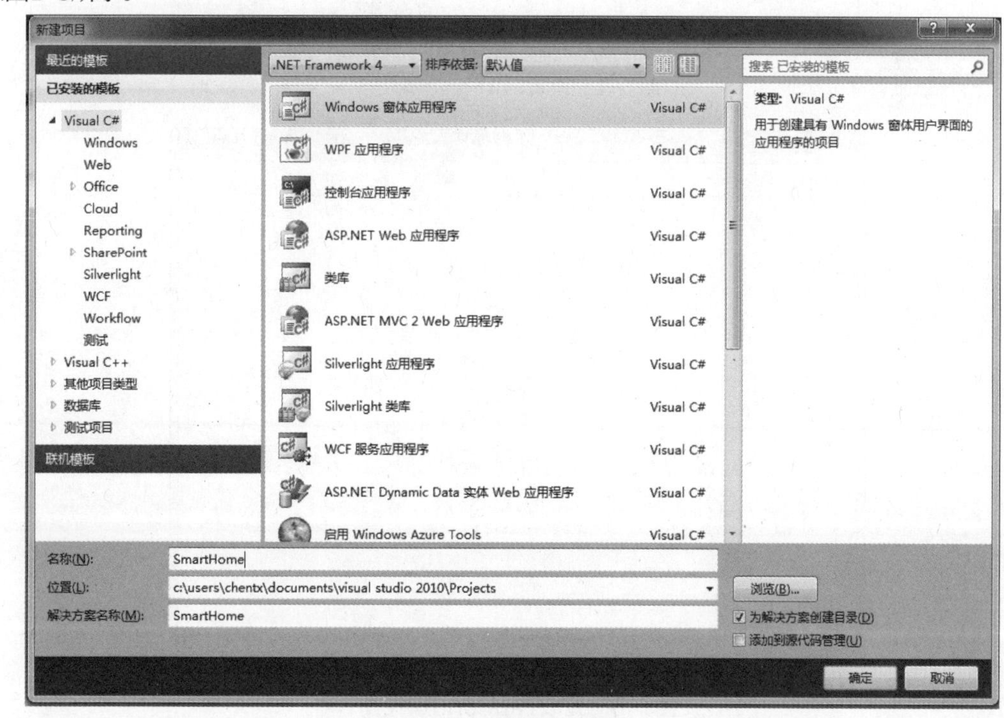

图1-3　新建C#项目

2. 程序界面设计

1）新建窗体。修改现有的Windows窗体Form1，重命名为FormSmartHome，Text属性设置为“智能家居管理系统”，Size属性为“650, 500”。

2）新建选项卡控件。在窗体上添加TabControl控件tabSmartHome，Size属性为“612, 414”，Padding属性为“3, 3, 3, 3”，在TabPage属性中，编辑成员或新建成员tabSystem（用于放置获取网络基础数据的控件），设置其Text属性为“系统网络”，如图1-4所示。完成后效果如图1-5所示。

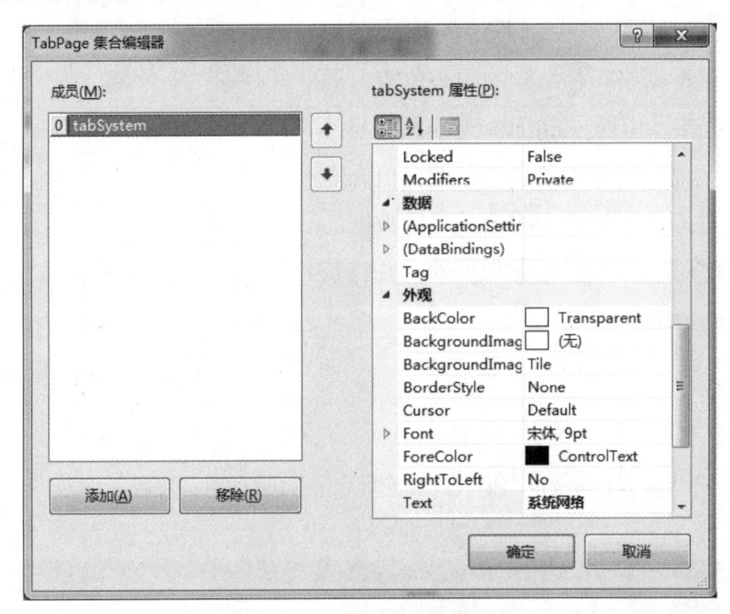

图1-4　设置TabPage属性

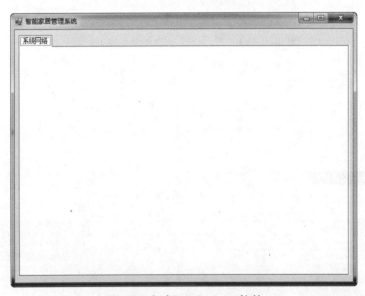

图1-5　完成TabControl控件

3）添加“启动系统”部分控件，具体控件及属性见表1-1。

表1-1 “启动系统”控件列表及属性

对象名称	对象类型	属　性	值
gbSystem	GroupBox	Text	启动系统
		Location	10，10
		Size	220，100
lblPort	Label	Text	选择串口
		Location	25，30
cbbPort	ComboBox	Location	85，25
		Size	100，20
btnStart	Button	Text	启动
		Location	30，60
		Size	75，25
btnExit	Button	Text	关闭
		Location	115，60
		Size	75，25

4）添加“协调器信息”部分控件，具体控件及属性见表1-2。

表1-2 “协调器信息”控件列表及属性

对象名称	对象类型	属　性	值
gbCoordinator	GroupBox	Text	协调器信息
		Location	240，10
		Size	360，100
lblMacAddress	Label	Text	Mac地址
		Location	5，30
txtMacAddress	TextBox	Location	56，27
		Size	110，21
lblChannel	Label	Text	Channel
		Location	175，30
txtChannel	TextBox	Location	244，27
		Size	110，21

（续）

对象名称	对象类型	属　性	值
lblPanID	Label	Text	PANID
		Location	5，65
txtPANID	TextBox	Location	56，61
		Size	110，21
lblNodeNum	Label	Text	网络结点数
		Location	175，65
txtNodeNum	TextBox	Location	244，61
		Size	110，21

5）添加“结点板信息”部分控件，具体控件及属性见表1-3。

表1-3 “结点板信息”控件列表及属性

对象名称	对象类型	属　性	值
gbEnddevices	GroupBox	Text	结点板信息
		Location	10，110
		Size	220，300
gbEnddevice1	GroupBox	Text	结点1
		Location	10，20
		Size	200，90
gbEnddevice2	GroupBox	Text	结点2
		Location	10，110
		Size	200，90
gbEnddevice3	GroupBox	Text	结点3
		Location	10，200
		Size	200，90
lblMacAddr1	Label	Text	Mac地址：
		Location	10，20
lblShortAddr1	Label	Text	短地址：
		Location	10，45

（续）

对象名称	对象类型	属　性	值
lblSignal1	Label	Text	信号强度:
		Location	10，70
lblMacAddr2	Label	Text	Mac地址:
		Location	10，20
lblShortAddr2	Label	Text	短地址:
		Location	10，45
lblSignal2	Label	Text	信号强度:
		Location	10，70
lblMacAddr3	Label	Text	Mac地址:
		Location	10，20
lblShortAddr3	Label	Text	短地址:
		Location	10，45
lblSignal3	Label	Text	信号强度:
		Location	10，70

完成后的界面如图1-6所示。

图1-6　完成后的界面效果

3. 引用开发库

在解决方案资源管理器中，在“项目”菜单中选择“添加引用”选项，找到dll所在的文件夹并添加“BIControlManager.dll”“BIData.dll”“BIProtocols.dll”，如图1-7和图1-8所示。

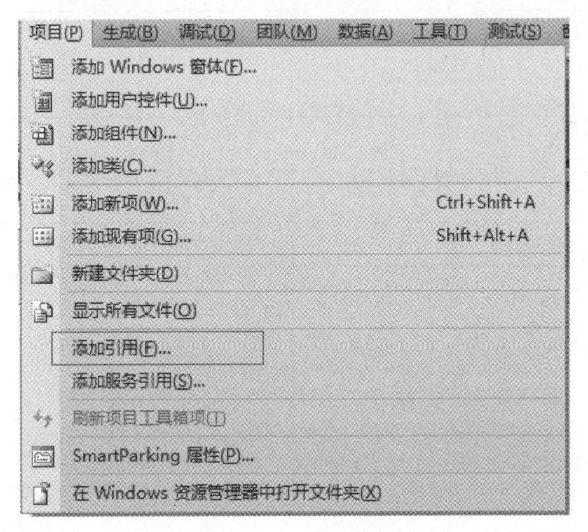

图1-7　添加引用

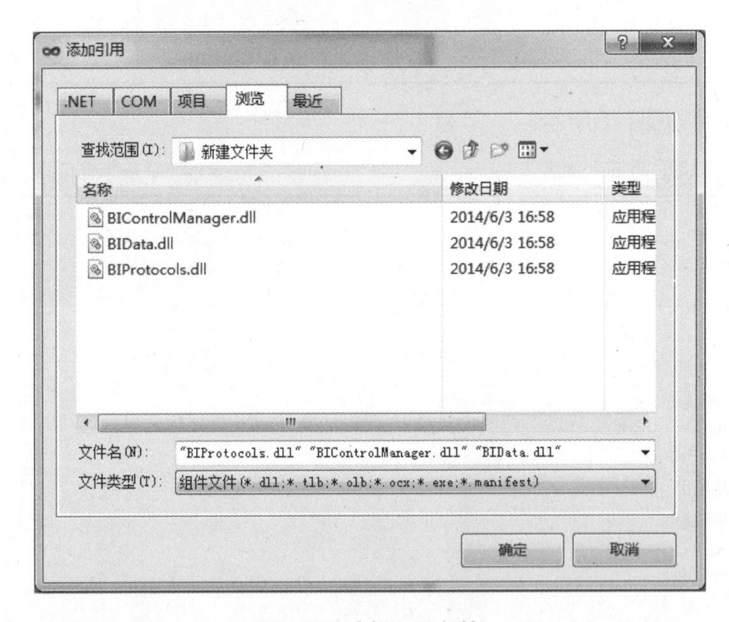

图1-8　选择.dll文件

小提示

- BIControlManager.dll包含控制器的对象封装。
- BIData.dll包含与数据相关的封装。
- BIProtocols.dll包含传输协议的封装。

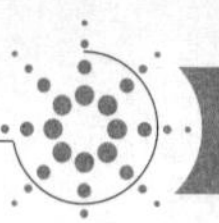

4. 代码编写

（1）实现系统开启

1）添加引用，代码如下：

```
using System.IO.Ports;
using BizIdeal.Data;
using BizIdeal.Packet;
using BizIdeal.Protocols;
using BizIdeal.Protocols.Packets;
```

2）新建公共静态变量，代码如下：

```
public static BIControllerManager ctrlCmd;
```

3）初始化控制器，在FormSmartHome()中添加如下代码：

```
//初始化控制器
ctrlCmd = new BIControllerManager(new BI25sProtocol());
```

4）加载计算机串口信息，代码如下：

```
private void FormSmartHome_Load(object sender, EventArgs e)
{
//获取系统中的串口名称
    string[] ports = SerialPort.GetPortNames();
    cbbPort.Items.AddRange(ports);
}
```

5）双击“开启”按钮，为其添加Click事件，代码如下：

```
private void btnStart_Click(object sender, EventArgs e)
{
try
    {
            ctrlCmd.OpenPort(cbbPort.Text, 38400, Parity.Even, 8, StopBits.One);
            btnExit.Enabled = true;
            btnStart.Enabled = false;
      }
catch (Exception ex)
     {
         MessageBox.Show(ex.Message);
     }
}
```

6）双击“关闭”按钮，为其添加Click事件，代码如下：

```
private void btnExit_Click(object sender, EventArgs e)
    {
        ctrlCmd.ClosePort();
        btnExit.Enabled = false;
        btnStart.Enabled = true;
    }
```

代码分析

ctrlCmd.OpenPort (cbbPort.Text, 38400, Parity.Even, 8, StopBits.One);

打开串口的各参数说明如下：

- cbbPort.Text——端口号。
- 38400——波特率。
- Parity.Even——偶校验。
- 8——标准数据位长度。
- StopBits.One——两个停止位。

（2）实现获取协调器信息

1）新增变量。新增结点数变量nodeNum；新建存储结点板MAC地址的字典，代码如下：

```
Dictionary<string, ushort> mapAddress = new Dictionary<string, ushort>();
```

2）双击“开启”按钮，在打开串口的代码后增加如下代码：

```
ctrlCmd.StartReceiver();//开始接收数据，用于开始接收从串口传输过来的数据
```

3）增加ctrlCmd_PacketReceived事件，用于接收数据，并添加如下代码：

```
//将数据帧解析为上行包对象
BI25sUpgoingPacket packet = BI25sUpgoingPacket.ParseFromBinary(e.BinaryData);
if (packet != null)
    {
try
        {
this.BeginInvoke(new Action(() =>
                {
string boardId = packet.BoardID.ToString();
string mac = BitConverter.ToString(packet.MacAddress);
string signal = packet.NodeBoadRSSI.ToString();
if (!mapAddress.ContainsKey(mac))
        {
                mapAddress.Add(mac, packet.ShortAddress);
                nodeNum++;
        }
else
        {
                                mapAddress[mac] = packet.ShortAddress;
        }
        txtNodeNum.Text = nodeNum.ToString("X2");
        }), null);
        }
```

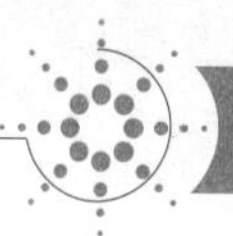

```
catch
        {
        }
}
```

4）在FormSmartHome事件中增加如下代码：

```
ctrlCmd. PacketReceived += ctrlCmd_PacketReceived;
```

5）双击“开启”按钮，在打开串口的代码后增加如下代码：

```
while (txtChannel. Text == " ")
  {
      ctrlCmd. UseNotifyingMode = false;
BI25sReadNetworkDataResponse res = ctrlCmd. NodeBoard. ReadNetworkDa
ta(1000);
if (res != null&& res. Result == BIVerifyingResult. Succeeded)
    {
        txtMacAddress. Text = res. MacAddress. Replace(" ", " ");
        txtChannel. Text = res. Channel. ToString();
        txtPANID. Text = res. PanID. ToString("X4");
    }
        ctrlCmd. UseNotifyingMode = true;
}
```

代码分析

1）this.BeginInvoke (newAction(() =>…)

//由ctrlCmd的接收线程触发，避免数据包的跨线程访问（线程的概念请参考知识链接）。

2）string boardId = packet.BoardID.ToString();

//从返回的数据包中获取结点板板号。

更多的成员具体见表1-4。

表1-4　BI25sUpgoingPacket对象的数据成员

成员名称	类型	功能说明
BoardID	Byte	结点板板号
CoordinaterRSSI	Byte	协调器信号强度
NodeBoadRSSI	Byte	结点板信号强度
BoardType	BIBoardType	结点板类型附录A
MacAddress	Byte[8]	结点板MAC
ShortAddress	UInt16	结点板（由协调器分配的）短地址
PanId	Byte	结点板PanID
Channel	Byte	通道号
DataList	List<BISensorData>	结点板的传感器数据集合

3）mapAddress.Add(mac, packet.ShortAddress);

//把从数据包中取出的短地址存储在mapAddress的字典中。

4）ctrlCmd.UseNotifyingMode = false;

//不启用通知模式。

5）BI25sReadNetworkDataResponse res = ctrlCmd.NodeBoard.ReadNetworkData(1000);

//每秒读取网络参数，1000的单位为ms。

6）txtMacAddress.Text = res.MacAddress.Replace(" ", " ");

//获取网络参数中的Mac地址。

更多的成员具体见表1-5。

表1-5　BI25sReadNetworkDataResponse对象的数据成员

成员名称	类　型	功能说明
MacAddress	String	协调器MAC地址
Channel	Byte	网络的Channel
PanID	UShort	网络的PanID

（3）实现获取协调器信息

在ctrlCmd_PacketReceived事件的线程内，增加处理结点板数据的代码：

```
if (boardId == "1")
  {
      lblMacAddr1.Text = "MAC地址:" + mac;
      lblSignal1.Text = "信号强度:" + signal;
      shortAddress1 = packet.ShortAddress;//短地址
      lblShortAddr1.Text = "短地址:" + shortAddress1.ToString("X4");
  }

if (boardId == "2")
  {
      lblMacAddr2.Text = "MAC地址:" + mac;
      lblSignal2.Text = "信号强度:" + signal;
      shortAddress2 = packet.ShortAddress;
      lblShortAddr2.Text = "短地址:" + shortAddress2.ToString("X4");
  }

if (boardId == "3")
  {
      lblMacAddr3.Text = "MAC地址:" + mac;
      lblSignal3.Text = "信号强度:" + signal;
      shortAddress3 = packet.ShortAddress;
```

```
    lblShortAddr3.Text = "短地址:" + shortAddress3.ToString("X4");
}
```

代码分析

1）if (boardId == "1")

//判断数据包中关于第一块结点板的信息。

2）lblMacAddr1.Text = "Mac地址:" + mac;

lblSignal1.Text = "信号强度:" + signal;

shortAddress1 = packet.ShortAddress;

lblShortAddr1.Text = "短地址:" + shortAddress1.ToString("X4");

把相应的数据在各自的空间内显示。

知识链接

线程简介

线程，有时被称为轻量级进程（Lightweight Process，LWP），是程序执行流的最小单元。一个标准的线程由线程ID、当前指令指针(PC）、寄存器集合和堆栈组成。另外，线程是进程中的一个实体，是被系统独立调度和分派的基本单位，线程自己不拥有系统资源，只拥有一点儿在运行中必不可少的资源，但它可与同属一个进程的其他线程共享进程所拥有的全部资源。一个线程可以创建和撤销另一个线程，同一进程中的多个线程之间可以并发执行。由于线程之间的相互制约，致使线程在运行中呈现出间断性。线程有就绪、阻塞和运行3种基本状态。每一个程序都至少有一个线程，若程序只有一个线程，那就是程序本身。

线程是程序中一个单一的顺序控制流程。在单个程序中同时运行多个线程以完成不同的工作，称为多线程。

多线程的同步过程如图1-9所示。

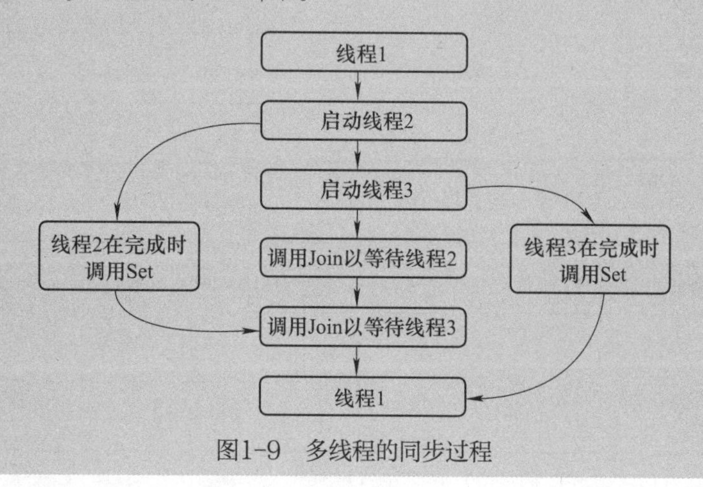

图1-9　多线程的同步过程

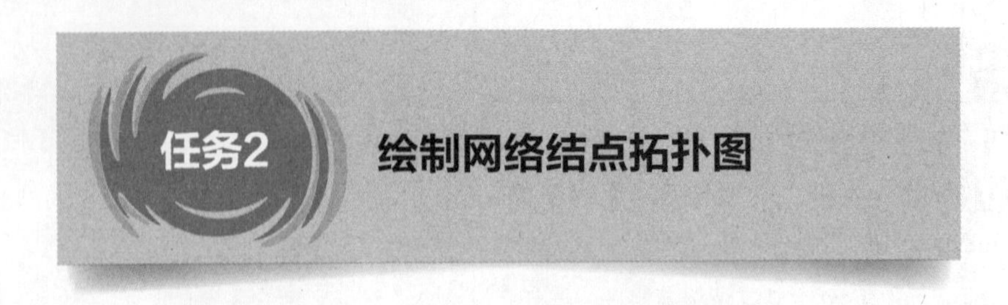

任务分析

在之前的任务中，已经通过C#程序获取到了本项目网络的基本参数。为了能够更加直观地了解网络结构的情况，任务2要求通过C#程序的编制完成动态网络拓扑图的绘制，能够显示当前协调器及结点板的连接状态，如果关闭其中某一块结点板，则该拓扑图会进行相应的调整，使得这块结点板的部分图形消失，重新打开后又能显示。

任务实施

1. 程序界面设计

添加“启动系统”部分控件，具体见表1-6，完成后的界面如图1-10所示。

表1-6 “网络拓扑图”控件列表及属性

对象名称	对象类型	属性	值
gbTOPO	GroupBox	Text	网络拓扑图
		Location	240，110
		Size	360，300
btnRefresh	Button	Text	刷新
		Location	270，10
pTOPO	Panel	Location	10，40
		Size	340，250

图1-10　完成后的界面

2. 代码编写

（1）新增变量

```
bool isOpen = false;
ushort shortAddress1 = 0, shortAddress2 = 0, shortAddress3 = 0;
```

（2）在“启动”按钮事件中添加代码

1）在try程序块中增加如下代码:

```
isOpen = true;
```

2）在catch程序块中增加如下代码:

```
isOpen = false;
```

（3）添加画拓扑图的主程序

```
private void MakeTopology()
{
    Graphics g = pTOPO.CreateGraphics();
    Pen p = new Pen(Color.Black, 1);
    Label lbCoordinator = new Label();
    Label lbNode1 = new Label();
    Label lbNode2 = new Label();
    Label lbNode3 = new Label();
    lbCoordinator.TextAlign = ContentAlignment.MiddleCenter;
    lbNode1.TextAlign = ContentAlignment.MiddleCenter;
```

```
    lbNode2.TextAlign = ContentAlignment.MiddleCenter;
    lbNode3.TextAlign = ContentAlignment.MiddleCenter;
    if (isOpen)
    {
        lbCoordinator.Left = 40;
        lbCoordinator.Top = pTOPO.Height / 2;
        pTOPO.Controls.Add(lbCoordinator);
        lbCoordinator.Text = "协调器";
        lbCoordinator.BorderStyle = BorderStyle.Fixed3D;
        Point p0 = newPoint(lbCoordinator.Right, lbCoordinator.Top + lbCoordinator.
        Height / 2);
        if (shortAddress1 != 0)
        {
        lbNode1.Left = 230;
        lbNode1.Top = pTOPO.Height / 2 - 80;
        pTOPO.Controls.Add(lbNode1);
        lbNode1.Text = "结点板1";
        lbNode1.BorderStyle = BorderStyle.Fixed3D;
        Point p1 = new Point(lbNode1.Left, lbNode1.Top + lbNode1.Height / 2);
        g.DrawLine(p, p0, p1);
        }
        if (shortAddress2 != 0)
        {
            lbNode2.Left = 230;
            lbNode2.Top = pTOPO.Height / 2;
            pTOPO.Controls.Add(lbNode2);
            lbNode2.Text = "结点板2";
            lbNode2.BorderStyle = BorderStyle.Fixed3D;
        Point p2 = new Point(lbNode2.Left, lbNode2.Top + lbNode2.Height / 2);
            g.DrawLine(p, p0, p2);
        }
        if (shortAddress3 != 0)
        {
            lbNode3.Left = 230;
            lbNode3.Top = pTOPO.Height / 2 + 80;
            pTOPO.Controls.Add(lbNode3);
            lbNode3.Text = "结点板3";
            lbNode3.BorderStyle = BorderStyle.Fixed3D;
        Point p3 = new Point(lbNode3.Left, lbNode3.Top + lbNode3.Height / 2);
            g.DrawLine(p, p0, p3);
        }
            }
}
```

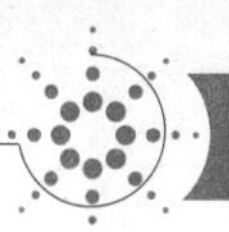

（4）在ctrlCmd_PacketReceived接收数据的事件中，引用MakeTopology事件

（5）添加“刷新”按钮事件，用于初始化数据及重新画图

```
private void btnRefresh_Click(object sender, EventArgs e)
{
    shortAddress1 = 0;
    shortAddress2 = 0;
    shortAddress3 = 0;
    pTOPO.Refresh();
    pTOPO.Controls.Clear();
    mapAddress.Clear();
    nodeNum = 0;
    txtNodeNum.ResetText();

    lblMacAddr1.Text = "Mac地址:";
    lblMacAddr2.Text = "Mac地址:";
    lblMacAddr3.Text = "Mac地址:";
    lblShortAddr1.Text = "短地址:";
    lblShortAddr2.Text = "短地址:";
    lblShortAddr3.Text = "短地址:";
    lblSignal1.Text = "信号强度:";
    lblSignal2.Text = "信号强度:";
    lblSignal3.Text = "信号强度:";
}
```

代码分析

1）Graphics g = pTOPO.CreateGraphics();

//使用GDI+ 绘图图面的画图对象在pTOPO中创建绘图板。

2）Pen p = new Pen(Color.Black, 1);

//新建黑色画笔，宽度为1。

3）lbCoordinator.TextAlign = ContentAlignment.MiddleCenter;

//使得动态生成的Label中的文字居中对齐。

4）Point p0 = new Point(lbCoordinator.Right, lbCoordinator.Top + lbCoordinator.Height / 2);

//设置直线的一端为表示协调器的Label的右边的中点。

5）Point p1 = new Point(lbNode1.Left, lbNode1.Top + lbNode1.Height / 2);

//设置直线的另一端为表示结点1的Label的左边的中点。

6）g.DrawLine(p, p0, p1);

//通过连接p0和p1，完成画线段的操作。

知识链接

1）如何在 Windows 窗体上绘制线条？

代码示例：

```
Pen pen = new Pen(Color.FromArgb(255, 0, 0, 0));
e.Graphics.DrawLine(pen, 20, 10, 300, 100);
```

2）如何在Windows 窗体上绘制实心矩形？

代码示例：

```
System.Drawing.SolidBrush myBrush = new System.Drawing.SolidBrush(System.Drawing.Color.Red);
System.Drawing.Graphics formGraphics;
formGraphics = this.CreateGraphics();
formGraphics.FillRectangle(myBrush, new Rectangle(0, 0, 200, 300));
myBrush.Dispose();
formGraphics.Dispose();
```

3）如何在 Windows 窗体上绘制实心椭圆？

代码示例：

```
System.Drawing.SolidBrush myBrush = new System.Drawing.SolidBrush(System.Drawing.Color.Red);
System.Drawing.Graphics formGraphics;
formGraphics = this.CreateGraphics();
formGraphics.FillEllipse(myBrush, new Rectangle(0, 0, 200, 300));
myBrush.Dispose();
formGraphics.Dispose();
```

4）如何绘制空心矩形？

代码示例：

```
System.Drawing.Pen myPen = new System.Drawing.Pen(System.Drawing.Color.Red);
System.Drawing.Graphics formGraphics;
formGraphics = this.CreateGraphics();
formGraphics.DrawRectangle(myPen, new Rectangle(0, 0, 200, 300));
myPen.Dispose();
formGraphics.Dispose();
```

5）如何绘制空心椭圆？

代码示例：

```
System.Drawing.Pen myPen = new System.Drawing.Pen(System.Drawing.Color.Red);
System.Drawing.Graphics formGraphics;
formGraphics = this.CreateGraphics();
formGraphics.DrawEllipse(myPen, new Rectangle(0, 0, 200, 300));
myPen.Dispose();
formGraphics.Dispose();
```

任务3 实现无线控制

任务分析

智能家居最基本的目标是为人们提供一个舒适、安全、方便和高效的生活环境。因此在智能家居产品设计中最应注重的是以实用为核心，摒弃华而不实的冗余功能，保证产品易用、实用，且交互时富有人性化。

在设计智能家居系统时，应根据用户对智能家居功能的需求，整合以下实用且基本的家居控制功能：智能家电控制、智能灯光控制、电动窗帘控制、防盗报警、门禁对讲、煤气泄露监测等，同时还可以拓展诸如三表（水、电、气）抄送、视频点播等增值功能。

本任务要求通过C#程序模拟实现对各个设备的控制。

根据任务需求，各模块应具备以下功能：

1）能控制报警灯的鸣叫与停止。

2）能控制继电器的通断。

3）能控制空调的打开与关闭。

4）能控制风扇的打开与关闭。

5）能控制窗帘的正转、反转与停止。

6）能控制LED灯的亮与灭。

任务实施

1. 程序界面设计

新建TabPage：在现有选项卡控件tabSmartHome的TabPages属性中，新建成员tabControl（用于放置控制电子元器件的控件），设置其TabPage属性为“无线控制”。

1）添加“报警器”部分控件，具体见表1-7。

表1-7 “报警器”控件列表及属性

对象名称	对象类型	属性	值
gbBuzzer	GroupBox	Text	报警器
		Location	20，35
		Size	270，65
btnBuzzerOn	Button	Text	鸣
		Location	50，25
		Size	75，20
btnBuzzerOff	Button	Text	哑
		Location	150，25
		Size	75，20

2）添加“单路继电器”部分控件，具体见表1-8。

表1-8 “单路继电器”控件列表及属性

对象名称	对象类型	属性	值
gbSingleRelay	GroupBox	Text	单路继电器
		Location	20，105
		Size	270，65
btnSingleRelayOn	Button	Text	通
		Location	50，25
		Size	75，20
btnSingleRelayOff	Button	Text	断
		Location	150，25
		Size	75，20

3）添加“空调”部分控件，具体见表1-9。

表1-9 “空调”控件列表及属性

对象名称	对象类型	属性	值
gbDigit	GroupBox	Text	空调
		Location	20，175
		Size	270，65
btnDigitControl	Button	Text	显示
		Location	50，25
		Size	75，20
numDigitValue	NumbericUpDown	Maximum	99
		Minimum	0
		Value	0
		Location	150，25
		Size	60，21

4）添加“风扇”部分控件，具体见表1-10。

表1-10 “风扇”控件列表及属性

对象名称	对象类型	属性	值
gbDcMotor	GroupBox	Text	风扇
		Location	20，245
		Size	270，65
btnDcMotor	Button	Text	设置动作
		Location	30，25
		Size	75，20
radRotate	RadioButton	Text	转
		Location	130，30
radStop	RadioButton	Text	停
		Location	130，30

5）添加“窗帘”部分控件，具体见表1-11。

表1-11 “窗帘”控件列表及属性

对象名称	对象类型	属性	值
gbStepMotor	GroupBox	Text	窗帘
		Location	20，315
		Size	270，65
btnStepMotor	Button	Text	设置步数
		Location	30，25
		Size	75，20
numStepMotor	NumericUpDown	Value	0
		Maximum	10000
		Minimum	-10000
		Location	115，25
		Size	62，21
cbbDirection	ComboBox	Text	正
		Items	正 反 停
		Location	195，25
		Size	45，20

6）添加“LED灯组”部分控件，具体见表1-12。

表1-12 “LED灯组”控件列表及属性

对象名称	对象类型	属性	值
gbStepMotor	GroupBox	Text	LED灯组
		Location	300，35
		Size	290，160

（续）

对象名称	对象类型	属性	值
clbLED	CheckedListBox	Items	LED1 LED2 LED3 LED4
		Location	30，40
		Size	240，20
btnAllCK	Button	Text	全选
		Location	45，80
		Size	75，20
btnAllUCk	Button	Text	全不选
		Location	160，80
		Size	75，20
btnLEDControl	Button	Text	开/关
		Location	100，120
		Size	75，20

界面设计后的效果如图1-11所示。

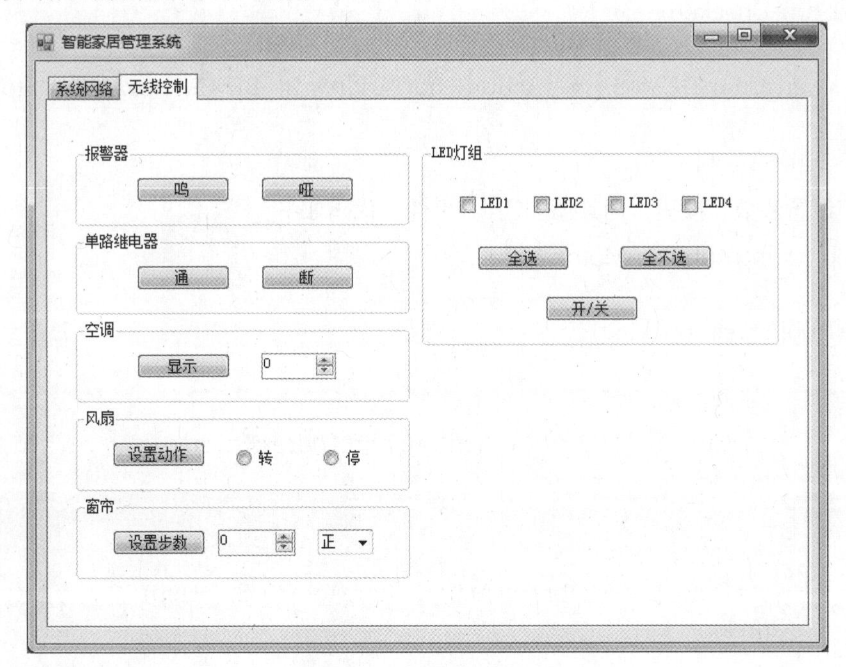

图1-11　界面设计效果

2. 代码编写

（1）实现报警器控制

双击“鸣”按钮，为其添加Click事件，代码如下：

```
ctrlCmd.Buzzer.SetAction(shortAddress2, BIBuzzerAction.Beep);
```

双击“哑”按钮，为其添加Click事件，代码如下：

```
ctrlCmd.Buzzer.SetAction(shortAddress2, BIBuzzerAction.Mute);
```

（2）实现单路继电器控制

双击“通”按钮，为其添加Click事件，代码如下：

```
ctrlCmd.SingleWayRelay.SetState(shortAddress1, BISwitchState.ON);
```

双击“断”按钮，为其添加Click事件，代码如下：

```
ctrlCmd.SingleWayRelay.SetState(shortAddress1, BISwitchState.OFF);
```

（3）实现空调控制

双击“显示”按钮，为其添加Click事件，代码如下：

```
ctrlCmd.DigitalDisplay.SetDispNumber(shortAddress1, (byte)(numDigitValue.Value));
```

（4）实现风扇控制

双击“设置动作”按钮，为其添加Click事件，代码如下：

```
if (radRotate.Checked)
    {
        ctrlCmd.DCMotor.SetAction(shortAddress2, BIDCMotorAction.Forward);
    }
if (radStop.Checked)
    {
        ctrlCmd.DCMotor.SetAction(shortAddress2, BIDCMotorAction.Stop);
    }
```

（5）实现窗帘控制

双击“设置步数”按钮，为其添加Click事件，代码如下：

```
int step = (int)numStepMotor.Value;

switch (cbbDirection.Text)
    {
            case"正":
            ctrlCmd.StepMotor.SetAction(shortAddress3, step);
            break;

            case"反":
            ctrlCmd.StepMotor.SetAction(shortAddress3, -step);
            break;
```

```
            case"停":
            ctrlCmd. StepMotor. SetAction(shortAddress3, 0);
            break;
    }
```

(6)实现LED灯组控制

双击“全选”按钮，为其添加Click事件，代码如下：

```
for (int i = 0; i < clbLED. Items. Count; i++)
    {
        clbLED. SetItemChecked(i, true);
    }
```

双击“全不选”按钮，为其添加Click事件，代码如下：

```
for (int i = 0; i < clbLED. Items. Count; i++)
    {
        clbLED. SetItemChecked(i, false);
    }
```

双击“开/关”按钮，为其添加Click事件，代码如下：

```
 ctrlCmd. TTLIO. SetState(shortAddress1,
        (clbLED. GetItemChecked(3)   BITtlIoLEDState. ON : BITtlIoLEDState. OFF),
        (clbLED. GetItemChecked(2)   BITtlIoLEDState. ON : BITtlIoLEDState. OFF),
        (clbLED. GetItemChecked(1)   BITtlIoLEDState. ON : BITtlIoLEDState. OFF),
        (clbLED. GetItemChecked(0)   BITtlIoLEDState. ON : BITtlIoLEDState. OFF));
```

代码分析

1）ctrlCmd.Buzzer.SetAction(shortAddress2, BIBuzzerAction.Beep);

//设置蜂鸣器的控制命令，对第二块结点板设置动作，动作的内容为Beep（即鸣）。

BIControllerManager类提供的部分常用控制方法见表1-13。

表1-13 BIControllerManager类提供的部分常用控制方法

类成员名称	控制方法	参数（按顺序）	功能说明
LCDScreen	void SetDisplayText(ushort Address, byte Row, byte Col, string Text)	短地址	在液晶显示屏上显示一串字符
		行位置	
		列位置	
		要显示的文本	
DCMotor	void SetAction(ushort Address, BIDCMotorAction Action)	短地址	设置直流电机正转，反转或停转
		正转/反转/停转	

（续）

类成员名称	控制方法	参数（按顺序）	功能说明
DigtialDisplay	void SetDispNumber (ushort Address,byte Number)	短地址	设置数码显示管显示一个两位十进制数
		要显示的数字	
SingleWayRelay	void SetState(ushort Address, BISwitchState State)	短地址	设置单路继电器板上继电器的状态（开/关）
		状态（开/关）	
StepMotor	void SetAction(ushort Address, int Steps)	短地址	设置步进电机正转，反转或停转
		步数: >0 正转; <0 反转; =0 停转	
TTLIO	void SetState(ushort Address, byte LEDNo, BITtlIoLEDState State)	短地址	设置某一路TTLIO（发光二极管）状态
		哪一路	
		状态（开/关）	
	void SetState(ushort Address, BITtlIoLEDState State1, BITtlIoLEDState State2, BITtlIoLEDState State3, BITtlIoLEDState State4)	短地址	
		1路状态（开/关）	设置各路TTLIO（发光二极管）状态
		2路状态（开/关）	
		3路状态（开/关）	
		4路状态（开/关）	

2）(byte)(numDigitValue.Value);

//实现对数据的强制转换，把NumbericUpDown的数值强制转换为byte类型。

3）for (int i = 0; i < clbLED.Items.Count; i++)

```
{
    clbLED.SetItemChecked(i, true);
}
```

采用for循环的模式，使得CheckedListBox中所有的CheckBox都自动被选择。其中，“clbLED.Items.Count;”，获取CheckedListBox中CheckBox的数量。“clbLED.

SetItemChecked(i, true);”，对某一个CheckBox设置为被选择，由循环中的变量i控制。

4）clbLED.GetItemChecked(3) BITtlIoLEDState.ON：BITtlIoLEDState.OFF)，这是C语言当中的条件运算符，基本格式为：“表达式1？表达式2：表达式3”，先求表达式1，若其值为真（非0）则将表达式2的值作为整个表达式的取值；否则将表达式3的值作为整个表达式的取值。

在这行代码中，先判断clbLED.GetItemChecked(3)是否为真（即第三个CheckBox是否被选择），如果被选择，则设置BITtlIoLEDState的状态为开启，否则BITtlIoLEDState的状态为关闭。

知识链接

继电器

继电器（Relay）是一种电控制器件，是当输入量（激励量）的变化达到规定要求时，在电气输出电路中使被控量发生预定的阶跃变化的一种电器,具有控制系统（又称输入回路）和被控制系统（又称输出回路）之间的互动关系。继电器通常应用于自动化的控制电路中，它实际上是用小电流去控制大电流运作的一种“自动开关”，故在电路中起着自动调节、安全保护、转换电路等作用。

继电器作为具有隔离功能的自动开关元件，被广泛应用于遥控、遥测、通信、自动控制、机电一体化及电力电子设备中，是最重要的控制元件之一。

继电器一般都有能反映一定输入变量（如电流、电压、功率、阻抗、频率、温度、压力、速度、光等）的感应机构（输入部分）；有能对被控电路实现“通”和“断”控制的执行机构（输出部分）；在继电器的输入部分和输出部分之间，还有对输入量进行耦合隔离、功能处理和对输出部分进行驱动的中间机构（驱动部分）。

作为控制元件，概括起来，继电器有如下几种作用：

1）扩大控制范围。例如，当多触点继电器控制信号达到某一定值时，可以按触点组的不同形式，同时换接、开断、接通多路电路。

2）放大。例如，灵敏型继电器、中间继电器等，用一个很微小的控制量可以控制很大功率的电路。

3）综合信号。例如，当多个控制信号按规定的形式输入多绕组继电器时，经过比较综合，达到预定的控制效果。

4）自动、遥控、监测。例如，自动装置上的继电器与其他电器一起，可以组成程序控制线路，从而实现自动化运行。

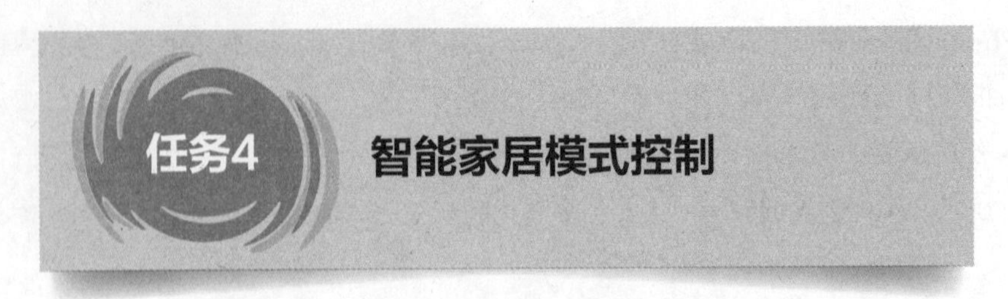

任务分析

智能家居系统中的各种设备相互间可进行通信，无须用户指挥也能根据不同状态互动运行，从而为用户带来最大程度的安全与便捷。例如，清晨时分，提前设置的“起床”模式悄然启动，窗帘缓缓拉开；工作时间，家中视频图像自动发送至手机，供实时监测家中孩子和老人的安全状况；下班途中，预先打开空调、热水器，到家即可享受舒适温度；夜晚卧床休闲，读书观影后睡意渐袭，窗帘自动关闭，灯光逐级转弱，电器设备一一断电，主人可以无忧入眠……正是这些闪烁智慧的生活体验吸引着越来越多的人关注并走进智能家居时代，从而使智能家居以不可阻挡的势头迎接着属于它的春天。

本任务要求学生能够通过C#语言编程，实现各种设备之间的联合工作。

根据任务需求，各模块应具备以下功能：

1）实现影院模式。

2）实现回家模式。

3）模式取消。

任务实施

1. 程序界面设计

在现有选项卡控件tabSmartHome中的成员tabControl中添加以下控件，具体见表1-14。

表1-14 “模式控制”控件列表及属性

对象名称	对象类型	属性	值
gbMode	GroupBox	Text	模式控制
		Location	300, 220
		Size	290, 160
btnWatchMode	Button	Text	影院模式
		Location	20, 35
		Size	80, 25
btnHomeMode	Button	Text	回家模式
		Location	120, 35
		Size	80, 25
btnResetMode	Button	Text	取消
		Location	220, 35
		Size	50, 25
lblMode	Label	Text	当前模式:无
		Location	20, 130

界面设计后的效果如图1-12所示。

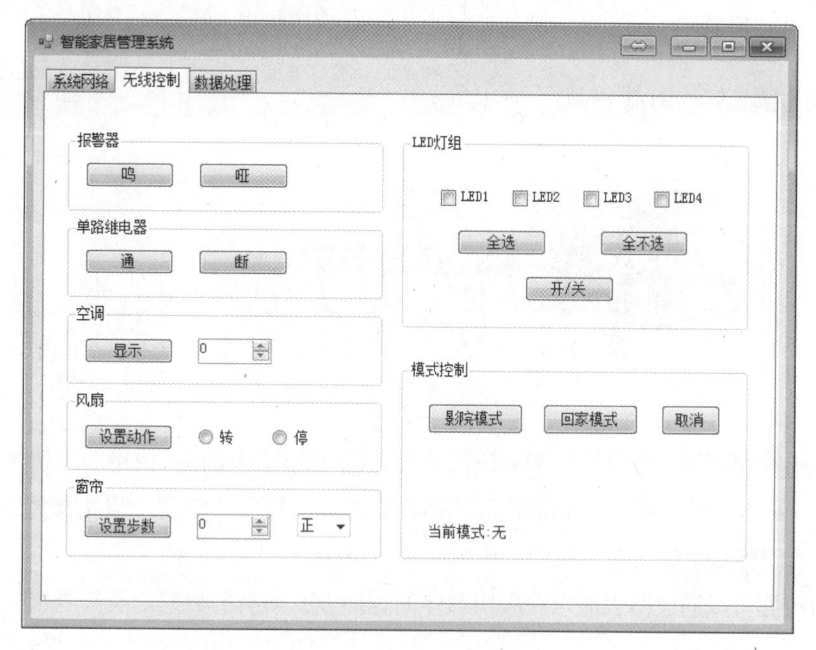

图1-12 界面设计的效果

2. 功能实现

(1) 实现影院模式

双击“影院模式”按钮，为其添加Click事件，代码如下：

```
ctrlCmd.StepMotor.SetAction(shortAddress3, 500);
ctrlCmd.TTLIO.SetState(shortAddress1, BITtlIoLEDState.OFF, BITtlIoLEDState.OFF, BITtlIoLEDState.OFF, BITtlIoLEDState.OFF);
lblMode.Text ="当前模式:影院模式";
```

(2) 实现回家模式

双击“回家模式”按钮，为其添加Click事件，代码如下：

```
ctrlCmd.DCMotor.SetAction(shortAddress2, BIDCMotorAction.Forward);
ctrlCmd.DigitalDisplay.SetDispNumber(shortAddress1, 25);
ctrlCmd.TTLIO.SetState(shortAddress1, BITtlIoLEDState.ON, BITtlIoLEDState.ON, BITtlIoLEDState.ON, BITtlIoLEDState.ON);
lblMode.Text ="当前模式:回家模式";
```

(3) 实现模式取消

双击“取消”按钮，为其添加Click事件，代码如下：

```
ctrlCmd.DCMotor.SetAction(shortAddress2, BIDCMotorAction.Stop);
ctrlCmd.DigitalDisplay.SetDispNumber(shortAddress1, 100);
ctrlCmd.TTLIO.SetState(shortAddress1, BITtlIoLEDState.OFF, BITtlIoLEDState.OFF, BITtlIoLEDState.OFF, BITtlIoLEDState.OFF);
lblMode.Text ="当前模式:无";
```

代码分析

```
ctrlCmd.DCMotor.SetAction(shortAddress2, BIDCMotorAction.Forward);
//设置直流电机向前转动。
```

任务分析

智能家居管理系统还应能够检测周围的环境，以便实时调整相关设备的运转状态，优化居住环境，提升居住体验。系统传感器检测的指标有温度、气压、湿度、CO_2浓度、噪声污染，这些信息将实时传送至住户的手机和计算机应用程序中。

检测的数据可以通过图表显示在应用程序的界面上，所有的数据记录都能永久储存，住户可以查看任意时间段的信息。例如，通过CO_2浓度传感器可以测量城市污染对健康的影响，或通过声学舒适度传感器向房东证明楼上的邻居深夜影响到自己休息，或当室内外的指标达到自己的设定值时会发送通知等。

本任务将通过C#语言编程实现当前环境的各项数据的实时显示，并以图表的形式直观地显示。

任务实施

1. 程序界面设计

1）新建TabPage：在现有选项卡控件tabSmartHome中的TabPage属性中，新建成员tabData（用于放置数据采集的控件），设置其TabPage属性为“数据处理”。

2）添加“环境监测”部分中的控件，控件及属性见表1-15。

表1-15 “环境监测”控件列表及属性（位置及大小属性忽略）

对象名称	对象类型	属性	值
gbMonitor	GroupBox	Text	环境监测
lblTemp	Label	Text	温度：
pbTemp	ProgressBar	Maximum	50
lblTempValue	Label	Text	[空]
lblTempSymbol	Label	Text	℃
lblHumidity	Label	Text	湿度：
pbHumidity	ProgressBar	Maximum	100
lblHumidityValue	Label	Text	[空]
lblHumiditySymbol	Label	Text	%

（续）

对象名称	对象类型	属性	值
lblIllumination	Label	Text	光照度:
pbIllumination	ProgressBar	Maximum	500
lblIlluminationValue	Label	Text	[空]
lblIlluminationSymbol	Label	Text	lux
lblSmog	Label	Text	烟雾:
pbSmog	ProgressBar	Maximum	800
lblSmogValue	Label	Text	[空]
lblSmogSymbol	Label	Text	ppm
lblGas	Label	Text	可燃气体:
pbGas	ProgressBar	Maximum	500
lblGasValue	Label	Text	[空]
lblGasSymbol	Label	Text	ppm
lblInfrared	Label	Text	人体红外:
picInfrared	PictureBox	Image	Properties. Resources. in0
lblInfradState	Label	Text	[空]
lblReedSwitch	Label	Text	求助按钮:
picReedSwitch	PictureBox	Image	Properties. Resources. reed0
lblReedSwitchState	Label	Text	[空]

3）添加“数据图表”部分中的控件，控件及属性见表1-16。

表1-16 “数据图表”控件列表及属性（位置及大小属性忽略）

对象名称	对象类型	属性	值
gbChart	GroupBox	Text	数据图表
lblSelectSeries	Label	Text	选择监测内容:
cbbSelectSeries	ComboBox	Items	全部 温度 湿度 光照度 烟雾 可燃气体
		Text	全部

4）添加图表控件：

① 新增chart控件chartMonitor。

② 设置Series属性，分别添加温度、湿度、光照度、烟雾、可燃气体等5个成员，设置这些成员的ChartType属性为“Spline”，如图1-13所示。

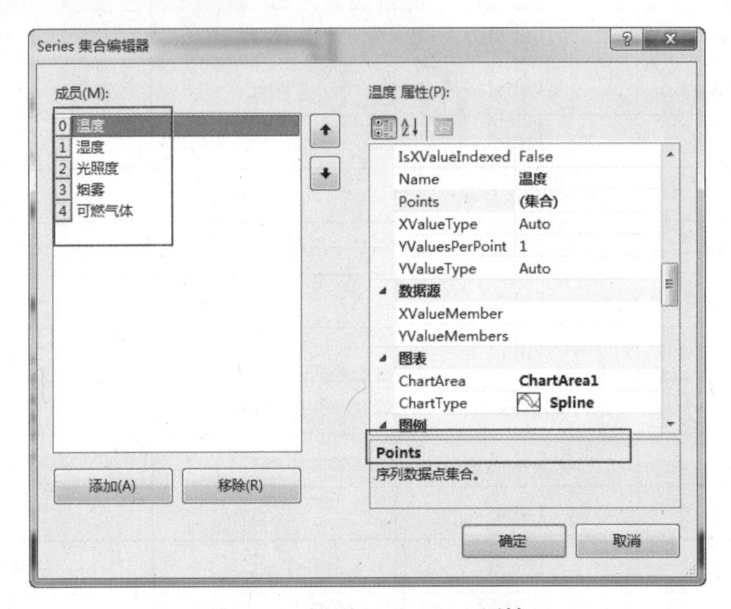

图1-13 设置ChartType属性

③ 设置坐标轴属性ChartArea。在成员ChartArea1的Axes属性中，设置X坐标轴的Title属性为“监测次数（每5秒一次）”，如图1-14所示。

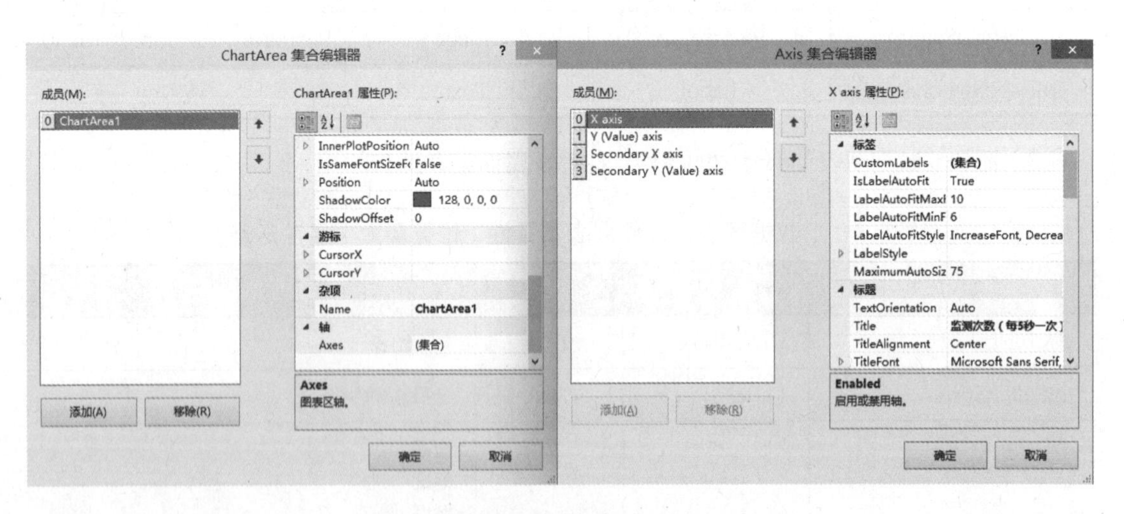

图1-14 设置坐标轴属性ChartArea

④ 设置图例属性Legend，设置成员Legend1的Title属性为“监测内容”，如图1-15所示。

⑤ 设置图表标题Title，设置成员Title1的Text属性为“环境监测数据图表”，如图

1-16所示。

界面设计后的效果如图1-17所示。

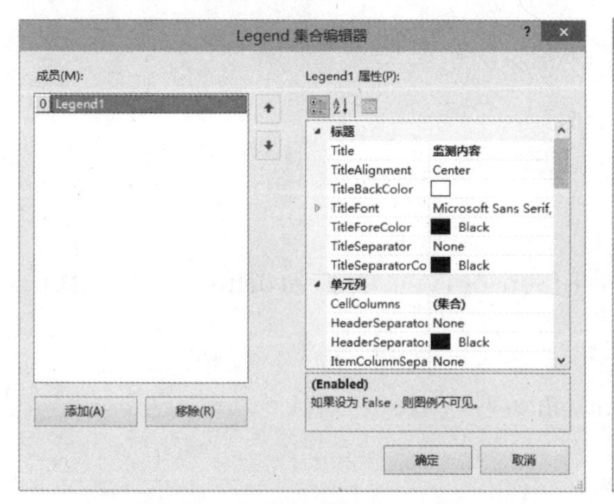

图1-15　设置图例属性Legend

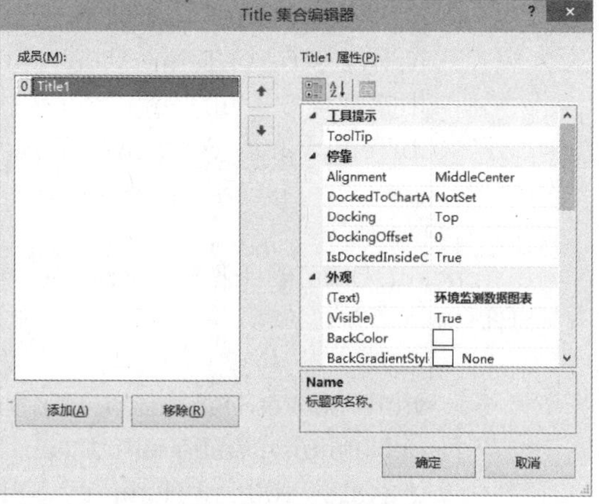

图1-16　设置图表标题Title

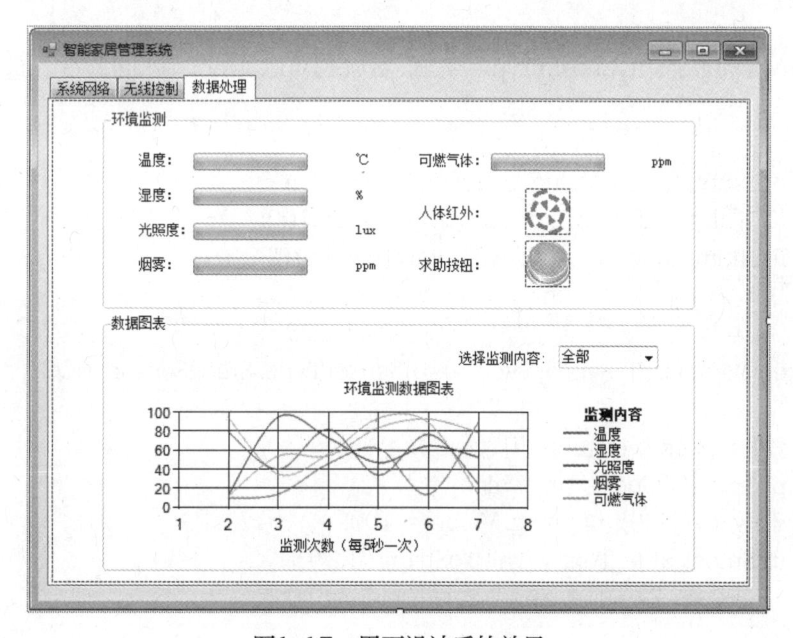

图1-17　界面设计后的效果

2. 代码编写

(1) 实现“环境监测”

在命令接收事件ctrlCmd_PacketReceived中的BeginInvoke线程内，增加如下代码：

```
for (int i = 0; i < packet.DataList.Count; i++)
{
float val = 0;
if (packet.DataList[i].SensorType == BISensorType.OnBoardTemperatureSensor_
```

```
SHT10)
    {
        val = packet.DataList[i].GetFloatValue();
        pbTemp.Value = (int)val;
        if (val < 0) pbTemp.Value = 0;
        if (val > 50) pbTemp.Value = 100;
        lblTempValue.Text = val.ToString("F2");
    }

if (packet.DataList[i].SensorType == BISensorType.OnBoardHumiditySensor_
SHT10)
    {
        val = packet.DataList[i].GetFloatValue();
        pbHumidity.Value = (int)val;
        if (val > 100) pbHumidity.Value = 100;
        lblHumidityValue.Text = val.ToString("F2");
    }

if (packet.DataList[i].SensorType == BISensorType.AmbientLightSensor_TSL2550D)
    {
        val = packet.DataList[i].GetFloatValue();
        pbIllumination.Value = (int)val;
        if (val > 500) pbIllumination.Value = 100;
        lblIlluminationValue.Text = val.ToString("F2");
    }

if (packet.DataList[i].SensorType == BISensorType.SmogSensor_MQ2)
    {
        val = packet.DataList[i].GetFloatValue();
        pbSmog.Value = (int)val;
        if (val > 800) pbSmog.Value = 100;
        lblSmogValue.Text = val.ToString("F2");
    }

if (packet.DataList[i].SensorType == BISensorType.GasSensor_MQ5)
    {
        val = packet.DataList[i].GetFloatValue();
        pbGas.Value = (int)val;
        if (val > 500) pbGas.Value = 100;
        lblGasValue.Text = val.ToString("F2");
    }

if (packet.DataList[i].SensorType == BISensorType.HumanIrSensor)
```

```
    {
        string state = packet.DataList[i].GetDataAsString();
        if (state =="1")
        {
            lblInfradState.Text ="触发";
            picInfrared.Image = _3._1.Properties.Resources.in1;
        }
        else
        {
            lblInfradState.Text = "正常";
            picInfrared.Image = _3._1.Properties.Resources.in0;
        }
    }

if (packet.DataList[i].SensorType == BISensorType.ReedSwitch)
    {
        string state = packet.DataList[i].GetDataAsString();
        if (state == "1")
        {
            lblReedSwitchState.Text = "触发";
            picReedSwitch.Image = _3._1.Properties.Resources.reed1;
        }
        else
        {
            lblReedSwitchState.Text = "正常";
            picReedSwitch.Image = _3._1.Properties.Resources.reed0;
        }
    }
}
```

（2）实现“数据图表”

1）在代码开始处添加的for循环之前，添加以下代码：

```
flag++;
if (flag % 3 == 0) timer++;
```

2）在每一个if程序段中，动态添加图表系列，即添加以下代码：

```
chartMonitor.Series[0].Points.AddXY(timer, val);
```

例如：

```
if (packet.DataList[i].SensorType == BISensorType.OnBoardTemperatureSensor_SHT10)
{
    val = packet.DataList[i].GetFloatValue();
    pbTemp.Value = (int)val;
    if (val < 0) pbTemp.Value = 0;
```

```
        if (val > 50) pbTemp.Value = 100;
        lblTempValue.Text = val.ToString("F2");
        chartMonitor.Series[0].Points.AddXY(timer, val);
    }
```

代码分析

1）packet.DataList[i].SensorType == BISensorType.OnBoardTemperatureSensor_SHT10;

//获取传感器的类型，判断数据的类型。

2）if (val < 0) pbTemp.Value = 0;，设置数据条的下限。同理，if (val > 50) pbTemp.Value = 100; //设置数据条的上限。

3）val.ToString("F2");

//以保留小数点两位的格式显示数值。

4）picInfrared.Image = _3._1.Properties.Resources.in1;

//设置图片的显示，"_3._1"为项目名称，Resources为资源目录。

5）flag++; if (flag % 3 == 0) timer++;

//设置在图表中添加数据的频率。

6）chartMonitor.Series[0].Points.AddXY(timer, val);

//在第0个系列中根据坐标轴添加数据点。

知识链接

Chart控件的主要元素

1. Series

Series是画在ChartArea上的线、点、柱形、条形、饼图，简而言之就是画在上面的数据，属性介绍如下。

1）"标记"：即数据点，某个数据值的点，具体属性如图1-18所示。

标记	
MarkerBorderColor	
MarkerBorderWi	1
MarkerColor	
MarkerImage	
MarkerImageTra	
MarkerSize	5
MarkerStep	1
MarkerStyle	None

图1-18 "标记"属性

Series标记的基本属性见表1–17。

表1–17　Series标记的基本属性1

基本属性	说　　明
MarkerBorderColor	数据点边框的颜色
MarkerBorderWidth	数据点边框的宽度
MarkColor	数据点的颜色
MakerSize	数据点的大小，默认值为0（即数据点不存在），建议通过代码控制
MarkerStep	数据点显示的频率
MarkerStyle	数据点的样式，可以是方块、圆圈、三角、叉号等

2）“标签”：即数据点旁边的数据值，具体属性如图1–19所示。

图1–19　“标签”属性

Series标签的基本属性见表1–18。

表1–18　Series标签的基本属性2

基本属性	说　　明
IsValueShownAsLabel	数据值是否显示，建议通过代码控制
SmartLabelStyle	数据值样式
SmartLabelStyle. Enabled	直接控制可用不可用，建议不可用
SmartLabelStyle. AllowOutsidePloArea	数据值是否允许在外面显示

3）“Font”：数据标签上的字体和样式，具体属性如图1–20所示。

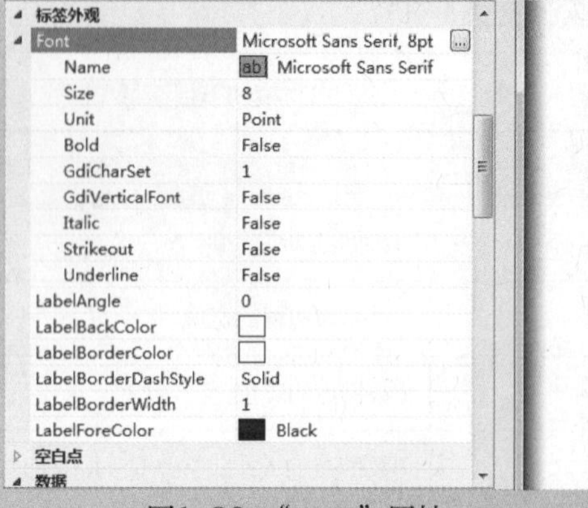

图1-20 “Font”属性

2. ChartAreas

Chart控件里，每个Seric都画在ChartArea上，Chart控件可以有多个ChartArea叠加在一起显示。例如，第一个ChartArea绘制的是曲线，第二个绘制的是柱状图或其他形状，这也是上面说过的Serie的ChartType。也可以把多个Serie画在一个ChartArea上，但是如果有一列数据单位范围在500～10 000的数据浮动最大，有一列数据单位范围在0.1～2.0，有一列数据单位范围在50～100，那么如果画在同一个ChartArea上显示，则0.1～2.0的数据会变成一条直线。当只有一两条这样的数据时，可以在Serie中设置主轴和副轴，但当出现多条数据、多种类型的显示时，就需要多个ChartArea来解决了。

轴（Axes），这是一个非常重要的元素，一个ChartArea有4个轴：主轴X axis、主轴Y（Value）axis、副轴X axis、副轴Y（Value）axis，每个轴的属性均相同，具体如图1-21所示。

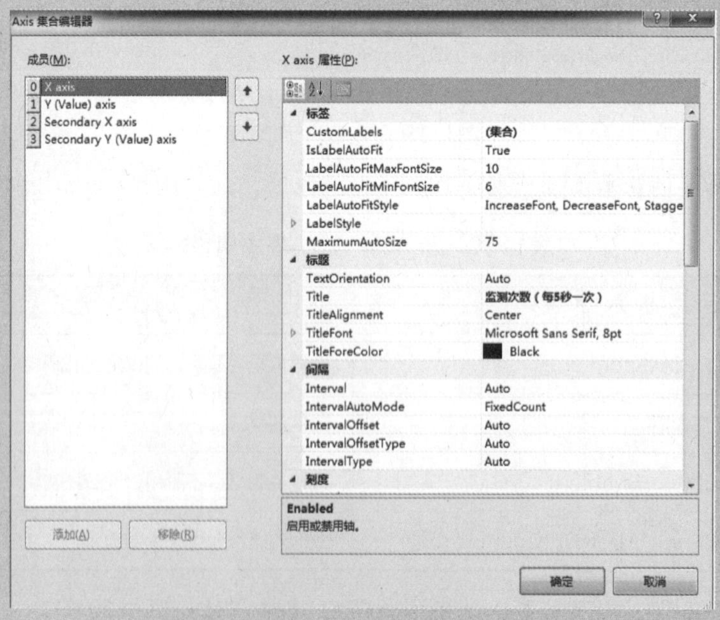

图1-21 轴属性

任务6 保存监测数据

任务分析

智能家居管理系统能根据不同的模式自动切换，但是每个模式的环境变化的临界点是固定的，如果需要调整阈值或触发条件，则需要修改源代码，非常不方便。

如果把传感器阈值、触发条件及设备的相应情况都保存在数据库中，则可以很灵活地修改，设置完各种条件后，就能变成一种全新的模式。

将智能家居中的某些模式的设置参数保存在数据库中，以便日后使用时能够直接调用。

根据任务需求，代码应实现以下几个功能：

1）实现模式保存的数据库设计。

2）实现模式中各个参数的保存。

3）实现模式中各个参数的取出。

任务实施

1. 程序界面设计

在无线控制的TabPage的模式控制中添加控件，具体见表1-19。

表1-19 “模式控制”控件列表及属性

对象名称	对象类型	属性	值
btnMode1	Button	Text	设置为自选模式1
btnMode2	Button	Text	设置为自选模式2
btnModeSet	Button	Text	设置
timerMode1	Timer	Interval	500
timerMode2	Timer	Interval	500

新增窗体form:FormSetMode，并添加控件，具体见表1-20。

表1-20 “设置”控件列表及属性

对象名称	对象类型	属性	值
gbSetMode	GroupBox	Text	自选模式设置
pCondition	Panel		
lblConditions	Label	Text	阈值
		Font	宋体，15.75pt

（续）

对象名称	对象类型	属　性	值
lblTemp	Label	Text	温度
cbbtempCondition	ComboBox	Items	> = <
txttempValue			
lblHumidity	Label	Text	湿度
cbbhumidityCondition	ComboBox	Items	> = <
txthumidityValue			
lblIllumination	Label	Text	光照度
cbbilluminationCondition	ComboBox	Items	> = <
txtilluminationValue			
lblSmog	Label	Text	烟雾
cbbsmogCondition	ComboBox	Items	> = <
txtsmogValue			
lblGas	Label	Text	可燃气体
cbbgasCondition	ComboBox	Items	> = <

界面完成后的效果如图1-22所示。

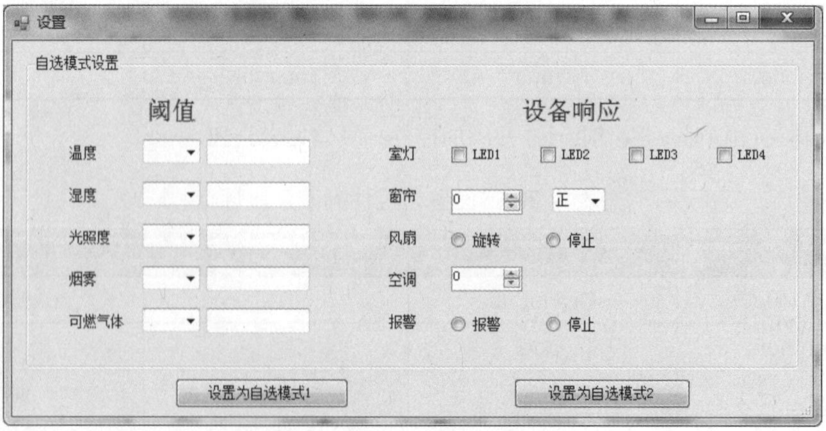

图1-22　界面完成后的效果

2. 数据库设计

在项目文件所在位置的“\bin\Debug”目录中，新建数据库文件“db.mdb”。

注：这里以Access 2003数据库为例，其他数据库类似。

新建数据表Mode，打开“设计”视图，设置字段名称及数据类型，具体见表1-21。

表1-21 “数据表”字段名称及数据类型设置

字段名称	数据类型	字段描述
ID	自动编号	主键，标识位，自动编号
tempCondition	短文本	温度条件（“>”或“=”或“<”）
humidityCondition	短文本	湿度条件（“>”或“=”或“<”）
illuminationCondition	短文本	光照条件（“>”或“=”或“<”）
smogCondition	短文本	烟雾条件（“>”或“=”或“<”）
gasCondition	短文本	可燃气体条件（“>”或“=”或“<”）
tempValue	短文本	温度的值
humidityValue	短文本	湿度的值
illuminationValue	短文本	光照的值
smogValue	短文本	烟雾的值
gasValue	短文本	可燃气体的值
cLed1	短文本	LED1灯的响应
cLed2	短文本	LED2灯的响应
cLed3	短文本	LED3灯的响应
cLed4	短文本	LED4灯的响应
stepMotor	短文本	步进电机的响应
dcMotor	短文本	直流电机的响应
digit	短文本	数码管的响应
buzzer	短文本	蜂鸣器的响应

3. 功能实现

（1）实现自选模式的切换

双击“设置为自选模式1”按钮，为其添加Click事件，代码如下：

```
timerMode1.Enabled = true;
timerMode2.Enabled = false;
lblMode.Text = “当前模式:自选模式1”;
```

同理，双击“设置为自选模式2”按钮，编写相似代码。

（2）实现自选模式的运行

双击timerMode1，在timerMode1_Tick的事件中添加如下代码：

```
bool tempCondition = false, humidityCondition = false, illuminationCondition =
false, smogCondition = false, gasCondition = false;
string connstr ="Provider=Microsoft.Jet.Oledb.4.0;data source=db.mdb";
OleDbConnection conn = new OleDbConnection(connstr);
OleDbCommand cmdSelect = new OleDbCommand("select * from Mode where
ID=1", conn);
OleDbDataReader reader = cmdSelect.ExecuteReader();
reader.Read();
if (reader["tempCondition"].ToString() == "")
{
    tempCondition = true;
}
else
{
switch (reader["tempCondition"].ToString())
    {
    case" >" :
      if (pbTemp.Value >int.Parse(reader["tempValue"].ToString())) tempCondition = true;
      else tempCondition = false;
      break;
    case"==":
      if (pbTemp.Value == int.Parse(reader["tempValue"].ToString())) tempCondition = true;
      else tempCondition = false;
      break;
    case"<":
      if (pbTemp.Value <int.Parse(reader["tempValue"].ToString())) tempCondition = true;
      else tempCondition = false;
      break;
    }
}

if (reader["humidityCondition"].ToString() == "")
{
    humidityCondition = true;
}
else
{
switch (reader["humidityCondition"].ToString())
    {
```

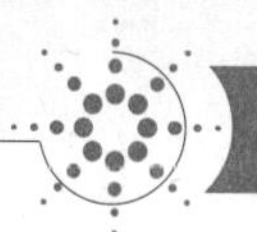

```
        case">":
          if (pbHumidity.Value >int.Parse(reader["humidityValue"].ToString()))
          humidityCondition = true;
          else humidityCondition = false;
          break;
        case"==":
        if (pbHumidity.Value == int.Parse(reader["humidityValue"].ToString())) humidity
        Condition = true;
          else humidityCondition = false;
          break;
        case"<":
          if (pbHumidity.Value <int.Parse(reader["humidityValue"].ToString())) humidityCondition
          = true;
          else humidityCondition = false;
          break;
        }
}

if (reader["illuminationCondition"].ToString() == "")
{
    illuminationCondition = true;
}
else
{
switch (reader["illuminationCondition"].ToString())
    {
    case">":
      if (pbIllumination.Value >int.Parse(reader["illuminationValue"].ToString()))
      illumination Condition = true;
      else illuminationCondition = false;
      break;
    case"==":
      if (pbIllumination.Value == int.Parse(reader["illuminationValue"].ToString()))
illuminationCondition = true;
        else illuminationCondition = false;
        break;
    case"<":
      if (pbIllumination.Value <int.Parse(reader["illuminationValue"].ToString()))
illuminationCondition = true;
        else illuminationCondition = false;
        break;
    }
}
```

```
if (reader["smogCondition"].ToString() == " ")
{
    smogCondition = true;
}
else
{
switch (reader["smogCondition"].ToString())
    {
    case">":
      if (pbSmog.Value >int.Parse(reader["smogValue"].ToString())) smogCondition
      = true;
      else smogCondition = false;
      break;
    case"==":
      if (pbSmog.Value == int.Parse(reader["smogValue"].ToString())) smogCondition =
      true;
      else smogCondition = false;
      break;
    case"<":
      if (pbSmog.Value <int.Parse(reader["smogValue"].ToString())) smogCondition =
      true;
      else smogCondition = false;
      break;
    }
}

if (reader["gasCondition"].ToString() == " ")
{
    gasCondition = true;
}
else
{
switch (reader["gasCondition"].ToString())
    {
    case">":
      if (pbGas.Value >int.Parse(reader["gasValue"].ToString())) gasCondition = true;
      else gasCondition = false;
      break;
    case"==":
      if (pbGas.Value == int.Parse(reader["gasValue"].ToString())) gasCondition = true;
      else gasCondition = false;
      break;
```

```
    case"<":
        if (pbGas.Value <int.Parse(reader["gasValue"].ToString())) gasCondition =
true;
        else gasCondition = false;
        break;
    }
}

if (tempCondition && humidityCondition && illuminationCondition &&
smogCondition && gasCondition)
{
    ctrlCmd.TTLIO.SetState(shortAddress1,
            (reader[ "cLed4" ].ToString() == "1"BITtlIoLEDState.ON : BITtlIoLEDState.
OFF),
            (reader[ "cLed3" ].ToString() == "1"BITtlIoLEDState.ON : BITtlIoLEDState.
OFF),
            (reader[ "cLed2" ].ToString() == "1"BITtlIoLEDState.ON : BITtlIoLEDState.
OFF),
            (reader[ "cLed1" ].ToString() == "1"BITtlIoLEDState.ON : BITtlIoLEDState.
OFF));

    ctrlCmd.StepMotor.SetAction(shortAddress3, int.Parse(reader["stepMotor"].
ToString()));

if (reader["dcMotor"].ToString() == "1")
    {
        ctrlCmd.DCMotor.SetAction(shortAddress2, BIDCMotorAction.Forward);
    }
else
    {
        ctrlCmd.DCMotor.SetAction(shortAddress2, BIDCMotorAction.Stop);
    }

    ctrlCmd.DigitalDisplay.SetDispNumber(shortAddress1, byte.
Parse(reader["digit"].ToString()));

if (reader["buzzer"].ToString() == "1")
    {
        ctrlCmd.Buzzer.SetAction(shortAddress2, BIBuzzerAction.Beep);
    }
else
    {
        ctrlCmd.Buzzer.SetAction(shortAddress2, BIBuzzerAction.Mute);
```

```
    }
}
```

同理，双击timerMode2，在timerMode2_Tick的事件中添加如下代码：

```
bool tempCondition = false, humidityCondition = false, illuminationCondition =
false, smogCondition = false, gasCondition = false;

string connstr = "Provider=Microsoft. Jet. Oledb. 4. 0;data source=db. mdb";
OleDbConnection conn = new OleDbConnection(connstr);
OleDbCommand cmdSelect = new OleDbCommand("select * from Mode where
ID=2", conn);
OleDbDataReader reader = cmdSelect. ExecuteReader();
    reader. Read();
if (reader["tempCondition"]. ToString() == " ")
    {
        tempCondition = true;
    }
else
    {
switch (reader["tempCondition"]. ToString())
        {
        case">":
        if (pbTemp. Value >int. Parse(reader["tempValue"]. ToString())) temp
        Condition = true;
           else tempCondition = false;
           break;
        case"==":
        if (pbTemp. Value == int. Parse(reader["tempValue"]. ToString())) tempCondition = true;
           else tempCondition = false;
           break;
        case"<":
           if (pbTemp. Value <int. Parse(reader["tempValue"]. ToString())) tempCondition
           = true;
           else tempCondition = false;
           break;
        }
    }

if (reader["humidityCondition"]. ToString() == " ")
    {
        humidityCondition = true;
    }
else
```

```
    {
switch (reader["humidityCondition"].ToString())
        {
        case">":
          if (pbHumidity.Value >int.Parse(reader["humidityValue"].ToString()))
          humidityCondition = true;
          else humidityCondition = false;
          break;
        case"==":
          if (pbHumidity.Value == int.Parse(reader["humidityValue"].ToString()))
          humidityCondition = true;
          else humidityCondition = false;
          break;
        case"<":
          if (pbHumidity.Value <int.Parse(reader["humidityValue"].ToString()))
          humidityCondition = true;
          else humidityCondition = false;
          break;
          }
    }

if (reader["illuminationCondition"].ToString() == "")
    {
        illuminationCondition = true;
    }
else
    {
switch (reader["illuminationCondition"].ToString())
        {
        case">":
          if (pbIllumination.Value >int.Parse(reader["illuminationValue"].ToString()))
          illuminationCondition = true;
          else illuminationCondition = false;
          break;
        case"==":
          if (pbIllumination.Value == int.Parse(reader["illuminationValue"].ToString()))
          illuminationCondition = true;
          else illuminationCondition = false;
          break;
        case"<":
          if (pbIllumination.Value <int.Parse(reader["illuminationValue"].ToString()))
          illuminationCondition = true;
          else illuminationCondition = false;
```

```
                break;
            }
        }

if (reader["smogCondition"].ToString() == " ")
    {
        smogCondition = true;
    }
else
    {
switch (reader["smogCondition"].ToString())
        {
        case">":
          if (pbSmog.Value >int.Parse(reader["smogValue"].ToString())) smogCondition
          = true;
          else smogCondition = false;
          break;
        case"==":
          if (pbSmog.Value == int.Parse(reader["smogValue"].ToString())) smogCondition
          = true;
           else smogCondition = false;
           break;
        case"<":
          if (pbSmog.Value <int.Parse(reader["smogValue"].ToString())) smogCondition =
          true;
          else smogCondition = false;
          break;
        }
    }

if (reader["gasCondition"].ToString() == " ")
    {
        gasCondition = true;
    }
else
    {
switch (reader["gasCondition"].ToString())
        {
        case">":
           if (pbGas.Value >int.Parse(reader["gasValue"].ToString())) gasCondition = true;
           else gasCondition = false;
           break;
        case"==":
```

```
        if (pbGas.Value == int.Parse(reader["gasValue"].ToString()))
gasCondition = true;
            else gasCondition = false;
            break;
        case"<":
        if (pbGas.Value <int.Parse(reader["gasValue"].ToString())) gasCondition
= true;
            else gasCondition = false;
            break;
            }
    }

if (tempCondition && humidityCondition && illuminationCondition &&
smogCondition && gasCondition)
    {
     ctrlCmd.TTLIO.SetState(shortAddress1,
                (reader["cLed4"].ToString() == "1"BITtlIoLEDState.ON :
BITtlIoLEDState.OFF),
                (reader["cLed3"].ToString() == "1"BITtlIoLEDState.ON :
BITtlIoLEDState.OFF),
                (reader["cLed2"].ToString() == "1"BITtlIoLEDState.ON :
BITtlIoLEDState.OFF),
                (reader["cLed1"].ToString() == "1"BITtlIoLEDState.ON :
BITtlIoLEDState.OFF));

            ctrlCmd.StepMotor.SetAction(shortAddress3, int.Parse (reader
["stepMotor"].ToString()));

if (reader["dcMotor"].ToString() == "1")
        {
            ctrlCmd.DCMotor.SetAction(shortAddress2, BIDCMotorAction.Forward);
        }
else
        {
            ctrlCmd.DCMotor.SetAction(shortAddress2, BIDCMotorAction.Stop);
        }

        ctrlCmd.DigitalDisplay.SetDispNumber(shortAddress1,
byte.Parse(reader["digit"].ToString()));

if (reader["buzzer"].ToString() == "1")
        {
            ctrlCmd.Buzzer.SetAction(shortAddress2, BIBuzzerAction.Beep);
```

```
        }
else
        {
            ctrlCmd. Buzzer. SetAction(shortAddress2, BIBuzzerAction. Mute);
        }
    }
}
```

（3）实现打开自选模式的界面程序

双击“设置”按钮，在Click事件中，添加如下代码：

```
FormSetMode mode = newFormSetMode();
mode. ShowDialog();
```

（4）实现自选模式的设置

在窗体FormSetMode中，双击“设置为自选模式1”按钮，添加如下代码：

```
string tempCondition, humidityCondition, illuminationCondition, smogCondition,
gasCondition;
string tempValue, humidityValue, illuminationValue, smogValue, gasValue;

int[ ] led = { 0, 0, 0, 0 };
int DcMotor = 0;
int Buzzer = 0;

int StepMotor = (int)numStepMotor. Value;
int Digit = (int)numDigitValue. Value;

tempCondition = cbbtempCondition. Text;
humidityCondition = cbbhumidityCondition. Text;
illuminationCondition = cbbilluminationCondition. Text;
smogCondition = cbbsmogCondition. Text;
gasCondition = cbbgasCondition. Text;

tempValue = txttempValue. Text;
humidityValue = txthumidityValue. Text;
illuminationValue = txtilluminationValue. Text;
smogValue = txtsmogValue. Text;
gasValue = txtgasValue. Text;

if (ckbLed1. Checked) led[0] = 1; else led[0] = 0;
if (ckbLed2. Checked) led[1] = 1; else led[1] = 0;
if (ckbLed3. Checked) led[2] = 1; else led[2] = 0;
if (ckbLed4. Checked) led[3] = 1; else led[3] = 0;
```

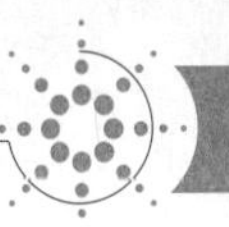

```
if (radRotate.Checked) DcMotor = 1; else DcMotor = 0;
if (radBuzzerOn.Checked) Buzzer = 1; else Buzzer = 0;


string connstr = "Provider=Microsoft.Jet.Oledb.4.0;data source=db.mdb";

OleDbConnection conn = new OleDbConnection(connstr);
string sql = "update Mode set tempCondition='" + tempCondition + "',
humidityCondition='" + humidityCondition + "',illuminationCondition='" +
illuminationCondition + "',smogCondition='" + smogCondition + "',gasCondition='" +
gasCondition + "',tempValue='" + tempValue + "',humidityValue='" + humidityValue
+ "',illuminationValue='" + illuminationValue + "',smogValue='" + smogValue + "',
 gasValue='" + gasValue + "',cLed1='" + led[0] + "',cLed2='" + led[1] + "',cLed3='"
+ led[2] + "',cLed4='" + led[3] + "',stepMotor='" + StepMotor + "',dcMotor='" +
DcMotor + "',digit='" + Digit + "',buzzer='" + Buzzer + "' where ID=1";

OleDbCommand cmd = new OleDbCommand(sql, conn);

conn.Open();
cmd.ExecuteNonQuery();
conn.Close();

this.Close();
```

同理，双击“设置为自选模式2”按钮，添加到数据库的新记录中。

代码分析

1）string connstr = "Provider=Microsoft.Jet.Oledb.4.0;data source=db.mdb";，数据库连接的字符串，在此字符串中，指明了数据库的类型，即数据库的驱动以及数据库的所在路径。

2）OleDbConnection conn = new OleDbConnection(connstr);

以数据库连接的字符串新建OleDbConnection的数据库连接对象conn。

3）OleDbCommand cmdSelect = new OleDbCommand("select * from Mode where ID=1", conn);

新建OleDbCommand的对象cmdSelect，通过SQL语句“select * from Mode where ID=1”从数据库中查询自定义模式1的相关配置数据。

4）OleDbDataReader reader = cmdSelect.ExecuteReader();

新建OleDbDataReade对象reader，用于读取相应SQL语句获取数据库中的数据。

5）reader["tempCondition"].ToString();

通过reader对象获取“tempCondition”中关于温度条件的数据。

6）string sql = "update Mode set tempCondition=' " + tempCondition + " ', humidityCondition=' " + humidityCondition + " ',illuminationCondition=' " + illuminationCondition + " ',smogCondition=' " + smogCondition + " ', gasCondition=' " + gasCondition + " ',tempValue=' " + tempValue + " ',humidityValue=' " + humidityValue + " ',illuminationValue=' " + illuminationValue + " ',smogValue=' " + smogValue + " ',gasValue=' " + gasValue + " ',cLed1=' " + led[0] + " ',cLed2=' " + led[1] + " ',cLed3=' " + led[2] + " ',cLed4=' " + led[3] + " ',stepMotor=' " + StepMotor + " ',dcMotor=' " + DcMotor + " ',digit=' " + Digit + " ',buzzer=' " + Buzzer + " ' where ID=1";

//通过控件中的值获取自定义模式1中设置的参数，并且通过update的SQL语句，修改自定义模式1中的相应参数（同理，在自定义模式2中也一样）。

7）cmd.ExecuteNonQuery();

//运行update的SQL语句，更新数据库中关于自定义模式1中的相关设置参数（同理，在自定义模式2中也一样）。

知识链接

SQL语句

结构化查询语言(Structured Query Language，SQL）是一种数据库查询和程序设计语言，用于存取数据以及查询、更新和管理关系数据库系统，同时也是数据库脚本文件的扩展名。结构化查询语言是高级的非过程化编程语言，允许用户在高层数据结构上工作，它不要求用户指定对数据的存放方法，也不需要用户了解具体的数据存放方式，所以具有完全不同于底层结构的不同的数据库系统，可以使用相同的结构化查询语言作为数据输入与管理的接口。结构化查询语言语句可以嵌套，这使它具有极大的灵活性和强大的功能。

结构化查询语言包含以下6个部分：

1. 数据查询语言（Data Query Language，DQL）

其语句也称为“数据检索语句”，用以从表中获得数据，确定数据怎样在应用程序给出。保留字select是DQL（也是所有SQL）用得最多的动词，其他DQL常用的保留字有where，order by，group by和having。这些DQL保留字常与其他类型的SQL语句一起使用。

2. 数据操作语言（Data Manipulation Language，DML）

其语句包括动词insert、update和delete。它们分别用于添加、修改和删除表中的行，也称为动作查询语言。

3. 事务处理语言（TPL）

它的语句能确保被DML语句影响的表的所有行及时得以更新。TPL语句包括

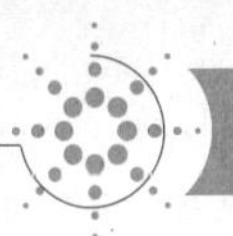

begin transaction，commit和rollback。

4. 数据控制语言（DCL）

它的语句通过grant或revoke获得许可，确定单个用户和用户组对数据库对象的访问。某些RDBMS（Relational Databse Management System，关系数据库管理系统）可用grant或revoke控制对表中单个列的访问。

5. 数据定义语言（DDL）

其语句包括动词create和drop。在数据库中创建新表或删除表（creat table 或 drop table）；为表加入索引等。

6. 指针控制语言（CCL）

它的语句，如declare cursor，fetch into和update where current用于对一个或多个表中的单独行进行操作。

基本SQL语句语法

更新：update table1 set field1=value1 where 范围

查找：select * from table1 where field1 like '%value1%'（所有包含value1这个模式的字符串）

排序：select * from table1 order by field1,field2 [desc]

求和：select sum(field1) as sumvalue from table1

平均：select avg(field1) as avgvalue from table1

最大：select max(field1) as maxvalue from table1

最小：select min(field1) as minvalue from table1[separator]

拓展任务——计划任务的实现

任务分析

请设想一下这样的场景：周一到周五的清晨，到起床时间时室内自动响起音乐闹钟，窗帘缓缓拉开，照明系统启动，电饭煲已提前半小时准备好了可口的早饭，体贴的早间服务让心情变得愉快。而一旦周末来临，起床的时间自动延后，再也不用经历周末忘关闹钟的痛楚。

而在工作日的傍晚，当住户下班后疲惫到家，热水器早已加热完毕，可以立即美美地泡个澡。如果是夏天，回家前室内已完成了通风并且将空调开启至合适温度，舒爽宜人。

这样的场景利用已学的智能家居管理系统完全可以完善实现，仅需要利用数据库将时间结点与设备的响应进行对应，形成计划任务即可。

1）创建数据库。

2）能够设置新的时间结点，添加相关传感器阈值及相应设备的响应，并保存为新的计划任务。

3）能够调用保存的计划任务，并按照保存的内容进行操作。

参考界面

本拓展任务的参考界面如图1-23和图1-24所示。

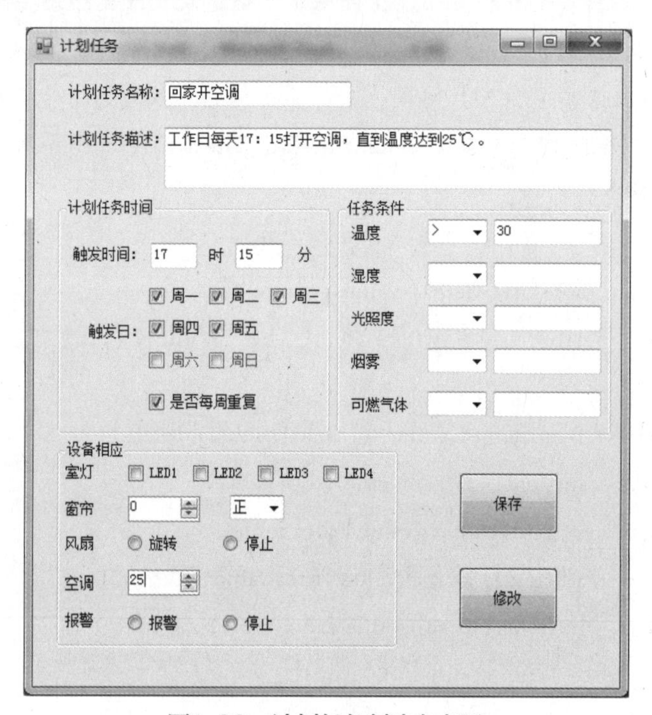

图1-23 计划任务创建参考图

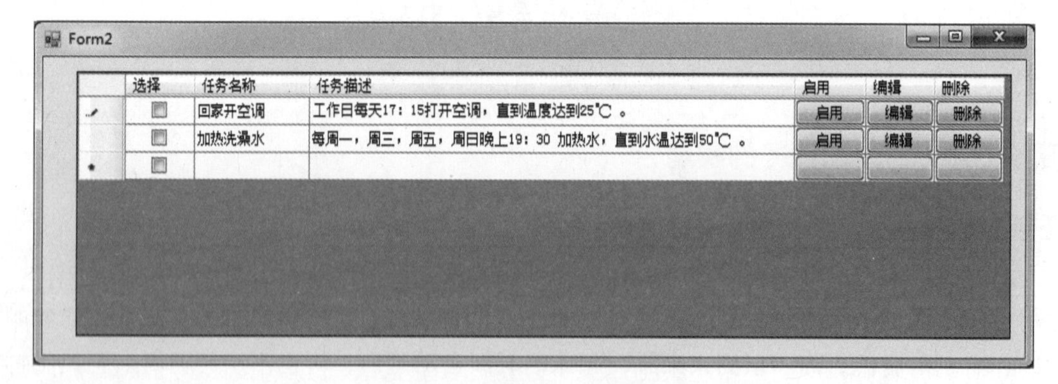

图1-24 管理计划任务参考图

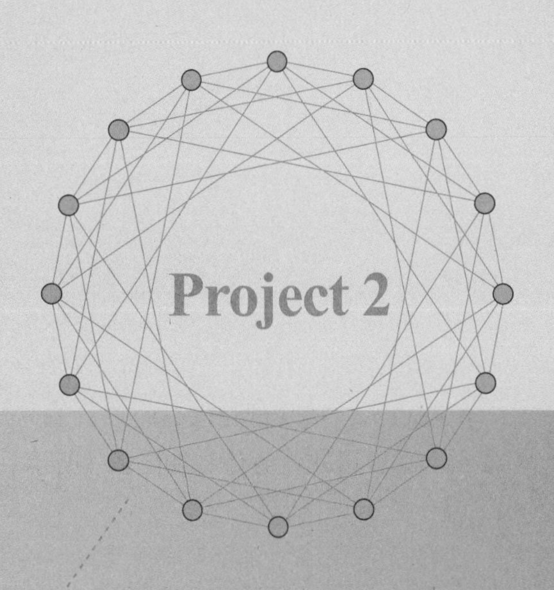

项目2 构建RFID智能图书馆管理系统

项目情景

应用RFID技术的图书馆管理系统虽然在中国并不常见，但在欧美以及亚洲很多图书馆中已普遍投入使用。新加坡国立图书馆是世界上第一个实行RFID技术的图书馆，该系统提供了一整套提高图书馆管理效率和加强图书安全的技术解决方案。首先，它允许读者使用图书馆的自助借书亭借出图书，简化了借书过程，使图书管理员用于管理图书的时间减少了75%，提高了效率；其次，馆内的电子保安系统可以防止有人未经许可就取走图书，防丢失能力提高了两倍；而且工作人员利用手持式阅读器可以无接触读取图书标签的信息，很容易就能识别书架上的书籍，检查库存或进行各种文献查找又快又准，寻找错架图书的工作也变得非常简单，馆员只需携带阅读器在图书馆内走动，自动识别功能就会很快找到放错位置的图书。

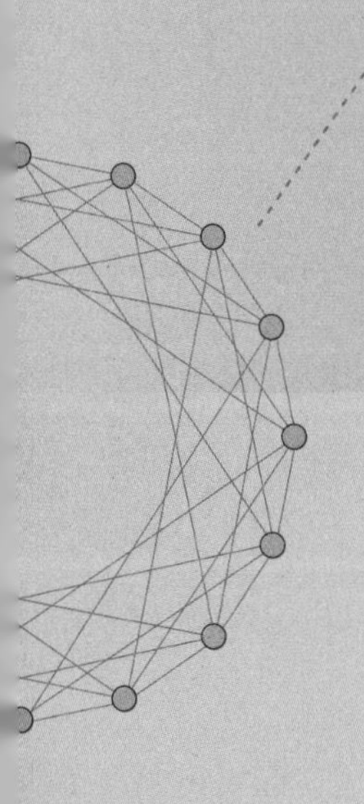

如此便捷高效的功用，正是图书管理这种烦琐精细的领域所急需的前沿技术，因此RFID图书馆管理系统的前景不言而喻。

项目概述

利用RFID的标签纸模拟带有RFID标签的图书，上海企想公司提供的物联网实验操作台（产品型号：QX-WSXT）中的智能货架区模拟学校图书馆，该智能货架区由RFID高频读写器、天线多路器和若干平板天线构成。因此可以模拟学校通过物流网技术，实现智能借书还书智能盘点智能统计以及图书防盗的功能。

本项目的任务体系如图2-1所示。

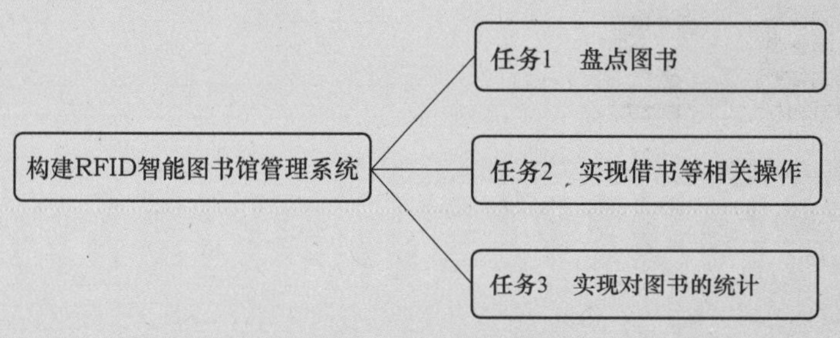

图2-1　项目2任务体系

硬件及软件环境

1）物联网实验操作台（产品型号：QX-WSXT）中的智能货架。

2）带有RFID芯片的标签。

3）装有Visual Studio 2010软件的计算机一台。

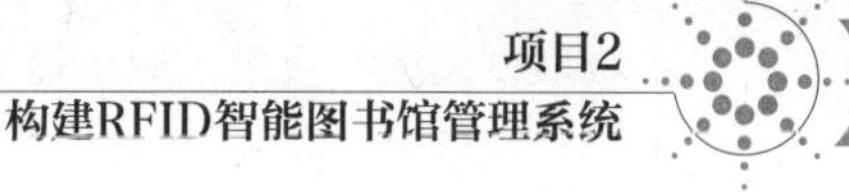

任务分析

在传统管理体制下的图书馆中，图书管理员在日常工作中需要耗费大量的时间与精力查看书架上的图书，检查放错位置或遗失等情况，不仅费时费力，而且易出错。智能图书馆管理系统能够极大地减轻图书管理员的劳动强度，系统可以定时对现有书架中的图书进行自动盘点，向图书管理员及时反馈每个书架的实时状态，并针对不正常的状态提供预警功能，如此方便、快捷又精确的管理系统，正是科技为人类服务的一大体现。

对图书馆中所有图书的信息进行盘点，对书架上的各个位置进行检测，判断该位置上的图书的状态，如正常状态、已借出状态、放错位置状态等。

根据任务需求，应具备以下2个功能：

1）能读取RFID标签的基本情况。

2）能根据RFID标签情况，动态获取标签的状态。

任务实施

1. 新建项目

启动Microsoft Visual Studio 2010，新建Visual C#项目，项目名称为RFID图书馆，如图2-2所示。

图2-2　新建C#项目

2. 程序界面设计

1）新建窗体。修改现有的Windows窗体Form1，重命名为FormRFIDLibrary，Text属性设置为“RFID图书馆”，Size属性为“600，450”。

2）添加“启动系统”部分的控件，具体见表2-1。

表2-1 “启动系统”控件列表及属性

对象名称	对象类型	属性	值
gbRFID	GroupBox	Text	智能图书馆
lblPort	Label	Text	选择串口
cbbPort	ComboBox	Text	
btnStart	Button	Text	启动
btnExit	Button	Text	关闭

3）添加“图书列表”部分的控件，具体见表2-2。

表2-2 “图书列表”控件列表及属性

对象名称	对象类型	属性	值
listView1	ListView	Columns[0].Text	位置
		Columns[1].Text	书名
		Columns[2].Text	状态
		Columns[3].Text	图书编号
		Columns[4].Text	借阅次数

界面设计完成后的效果如图2-3所示。

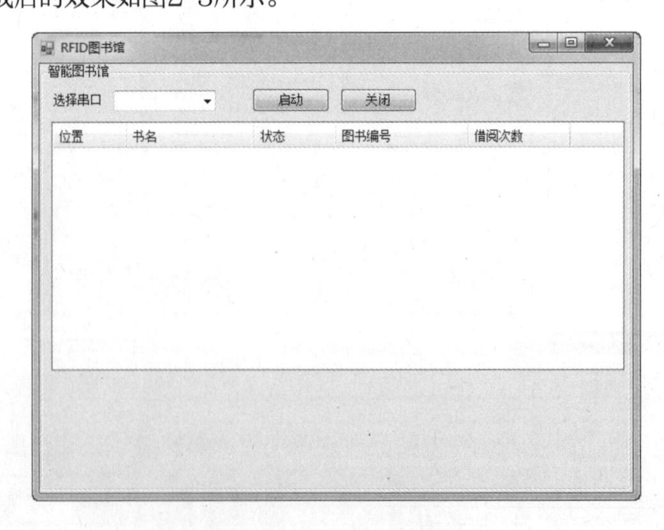

图2-3 RFID图书馆界面

3. 数据库设计

在项目文件所在位置的“\bin\Debug”目录中，新建数据库文件“library.mdb”。

注：这里以Access 2003数据库为例，其他数据库类似。

新建数据表book，打开“设计”视图，设置字段名称及数据类型，具体见表2-3。

表2-3 “数据表”字段名称及数据类型设置

字段名称	数据类型	字段描述
ID	自动编号	主键，标识位，自动编号
位置	短文本	图书放置通道号
书名	短文本	图书名称
状态	短文本	借阅状态（如“正常”和“已借阅”等）
图书编号	短文本	图书编号（唯一）
借阅次数	数字	图书借阅次数

数据库book表结构如图2-4所示。

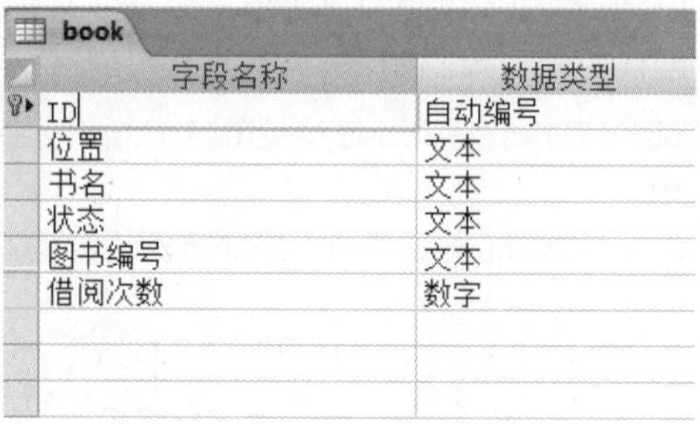

book

字段名称	数据类型
ID	自动编号
位置	文本
书名	文本
状态	文本
图书编号	文本
借阅次数	数字

图2-4 book表结构

4. 引用开发库

在解决方案资源管理器中，选择“引用”，单击鼠标右键，在弹出的快捷菜单中选择“添加引用”命令，打开“添加引用”对话框，选择“浏览”选项卡，找到dll所在的文件夹并添加“BIControlManager.dll”“BIData.dll”“BIProtocols.dll”，如图2-5所示。

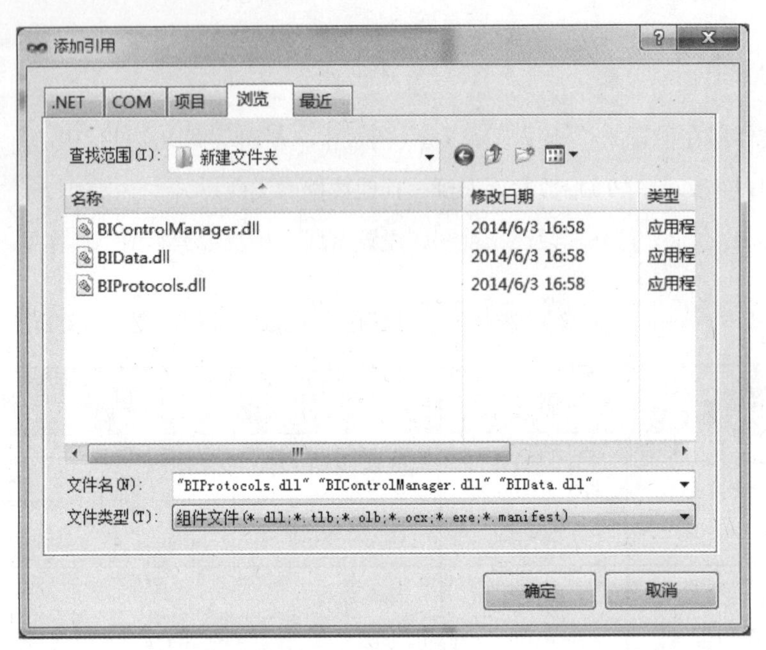

图2-5　引用开发库

5. 功能实现

1）新增public静态变量字符串数组bookzt，默认值为“缺失”，代码如下：

```
public static string[] bookzt = { "缺失", "缺失", "缺失", "缺失", "缺失", "缺失", "缺失", "缺失", "缺失", "缺失", "缺失", "缺失"};
```

2）新建静态对象，代码如下：

```
public static BIControllerManager ctrlrfid;
```

3）新增连接字符串及连接对象，代码如下：

```
string connstr = "Provider=Microsoft.Jet.Oledb.4.0;data source=library.mdb";
OleDbConnection conn;
```

4）双击“启动”按钮，为其添加Click事件，代码与项目1中打开串口方式类似。

```
try
{
    ctrlrfid.OpenPort(cbbPort.Text, 9600, Parity.Even, 8, StopBits.One);
    ctrlrfid.StartReceiver();
    btnExit.Enabled = true;
    btnStart.Enabled = false;
    backgroundWorker1.RunWorkerAsync();
    timer1.Enabled = true;
}
catch
{
    MessageBox.Show("串口打开失败，请检查串口连接。");
}
```

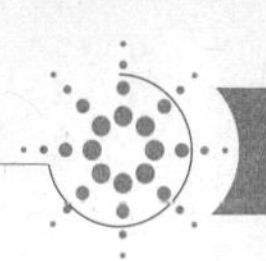

5）双击“关闭”按钮，为其添加Click事件，代码与项目1中关闭串口方式类似。

```
ctrlrfid.ClosePort();
backgroundWorker1.CancelAsync();
timer1.Enabled = false;
btnExit.Enabled = false;
btnStart.Enabled = true;
```

6）双击控件“backgroundWorker1”，添加DoWork事件，代码如下：

```
while (true)
{
for (byte i = 0; i < 12; i++)
    {
        ctrlrfid.RFID.ReadTag(0xFFFF, i, BIRfidReadMode.Manual15693);
        Thread.Sleep(1000);
    }
}
```

7）双击控件“timer1”，添加Tick事件，代码如下：

```
listView1.Items.Clear();
OleDbCommand chaxun = newOleDbCommand("select * from [book]", conn);
OleDbDataReader reader = chaxun.ExecuteReader();
int a = 0;
while (reader.Read())
{
    listView1.Items.Add(reader["位置"].ToString());
    listView1.Items[a].SubItems.Add(reader["书名"].ToString());
    listView1.Items[a].SubItems.Add(reader["状态"].ToString());
    listView1.Items[a].SubItems.Add(reader["图书编号"].ToString());
    listView1.Items[a].SubItems.Add(reader["借阅次数"].ToString());
    a++;
}
```

8）与项目1中类似，添加数据包接收事件ctrlrfid_PacketReceived，并且在BeginInvoke线程中添加如下代码：

```
BIRfidUpgoingPacket packet = BIRfidUpgoingPacket.ParseFromBinary(e.
BinaryData);
if (packet != null)
{
      string result = packet.TagCardState.ToString();
      string channel = packet.AntennaChannel.ToString();
      bookzt[byte.Parse(channel)] = result;


try
{
      OleDbCommand sql1 = new OleDbCommand("select * from [book] where 位
```

```
    置='" + channel + "'", conn);
    OleDbDataReader reader = sql1.ExecuteReader();
    reader.Read();
    string zt = reader["状态"].ToString();
    string tushuname = reader["书名"].ToString();

    string sql = "";

if (result == BIRFIDTagReadResult.Succeeded.ToString() && zt == "未归还") sql =
"update book set 状态='正常' where 位置='" + channel + "'";

if (result == BIRFIDTagReadResult.NoCard.ToString() && zt == "未取书") sql =
"update book set 状态='已借出' where 位置='" + channel + "'";

if (sql != "")
    {
        OleDbCommand pandian = new OleDbCommand(sql, conn);
        pandian.ExecuteNonQuery();
    }
}
catch { }
}
```

代码分析

1）backgroundWorker1.RunWorkerAsync();，启动backgroundWorker多线程。

2）backgroundWorker1.CancelAsync();，关闭backgroundWorker多线程。

3）ctrlrfid.RFID.ReadTag(0xFFFF,i, BIRfidReadMode.Manual15693);，手动读取15693型的RFID标签中的标签ID。

注：标签的读取方式BIRfidReadMode对象的枚举具体见表2-4。

表2-4　BIRfidReadMode对象的枚举

枚举型名称	枚举值	值说明
BIRfidReadMode	Auto15693	自动读15693型标签（发送一次命令后，读写器每隔一段时间读取一次）读取模式
	Manual15693	手动读15693型标签（发送一次命令后，读写器只读取一次）
	Auto1443A	自动读14433A型标签（发送一次命令后，读写器每隔一段时间读取一次）
	Manual1443A	手动读14433A型标签（发送一次命令后，读写器只读取一次）

4）listView1.Items.Add(reader["位置"].ToString());，通过循环，把数据库中关于"位置""书名""状态""图书编号"和"借阅次数"等数据显示在ListView控件中。

5）BIRfidUpgoingPacket packet = BIRfidUpgoingPacket.ParseFromBinary(e.BinaryData);，获取返回的数据包。

BIRfidUpgoingPacket返回数据包的成员具体见表2-5。

表2-5 BIRfidUpgoingPacket返回数据包的成员

枚举型名称	枚举值	值说明
BIRfidUpgoingPacket	TagCardState	BIRFIDTagReadResult 类型： Succeeded——读取成功 NoCard——没有检测到标签 Error——错误
	AntennaChannel	天线通道号
	BlockAddress	块地址，读标签 ID 时无意义
	DataList[0]	包含了标签 ID 和数据块中的数据内容

6）if (result == BIRFIDTagReadResult.Succeeded.ToString() && zt == "未归还") sql = "update book set 状态='正常' where 位置=' " + channel + " ' ";，如果RFID标签读取成功，并且数据库中这本书的状态刚好为"未归还"，则把这个位置的状态修改为"正常"。

知识链接

BackgroundWorker

BackgroundWorker是.NET里用来执行多线程任务的控件，它允许编程者在一个单独的线程上执行一些操作。耗时的操作（如下载和数据库事务）在长时间运行时可能会导致用户界面（UI）始终处于停止响应状态。如果需要响应的用户界面，而且面临与这类操作相关的长时间延迟，则可以使用BackgroundWorker类方便地解决问题。

BackgroundWorker是怎样工作的?

首先，调用BackgroundWorker实例(这里假定该实例名为backgroundWorker1)的RunWorkerAsync方法来开启后台线程。BackgroundWorker使用十分方便，调用RunWorkerAsync后程序会自动完成接下来的工作直到后台线程完成任务退出，除非用户想取消后台线程或异常退出。

RunWorkerAsync有两种重载方式，即void RunWorkerAsync()和RunWorkerAsync(object argument)。如果不需要给后台线程传入初始数据，则使用第一种重载方式就可以了；而当后台线程需要初始数据时就可以使用第二种方式，不过该重载只接受一个参数，所以如果有多个数据需要传入，则需要考虑封装成结构或类。

其次，调用RunWorkerAsync会触发BackgroundWorker的DoWork事件，RunWorkerAsync(object argument)提供的参数也会传给DoWork的委托方法。DoWork事件的委托方法的形式为“函数名(object sender, DoWorkEventArgs e)”，如：

backgroundWorker1_DoWork(object sender, DoWorkEventArgs e)

变量e有两个属性，即Argument和Result，RunWorkerAsync传入的参数argument就传给了DoWorkEventArgs e的Argument属性；而另一个属性Result则保存运算结果，二者都是object类型。可以将运算结果赋给Result属性，这个属性会在运算完成后传给OnRunWorkerCompleted事件的委托方法的参数RunWorkerCompletedEventArgs e，从而将运算结果带给前台线程。

DoWork事件的委托方法主要完成后台处理。需要注意的是，该委托方法在处理数据前要判断是否已请求取消后台操作（如调用了CancelAsync方法），如果已经请求取消后台操作，则退出后台线程。判断是否请求取消后台线程的方法为CancellationPending()。例如：

```
if (backgroundWorker1. CancellationPending)
{
    e. Cancel=true;
    return ;
}
```

处理过程中不断发送处理信息，以供前台显示处理进度或完成度的操作也是在这个委托中完成的。发送信息的是BackgroundWorker类的ReportProgress方法（前提是BackgroundWorker的WorkerReportsProgress属性已经设为true，否则调用该方法会引发异常）。ReportProgress也有两种重载形式，即void ReportProgress(int percentProgress)和void ReportProgress(int percentProgress, object userState)。

percentProgress返回的是已完成的后台操作所占的百分比，范围为0%～100%。由于是百分比，因此最好是一个[0,100]闭合区间的整数，如果超出这个范围则可能引发异常（如把这个数据赋给进度条控件时）。

关于userState参数，微软给出的说法是：传递到BackgroundWorker.RunWorkerAsync(System.Object)的状态对象。编者认为是发送后台处理状态给ProgressChanged事件，以供前台判断后续操作，当然，也可以把处理过程中的数据通

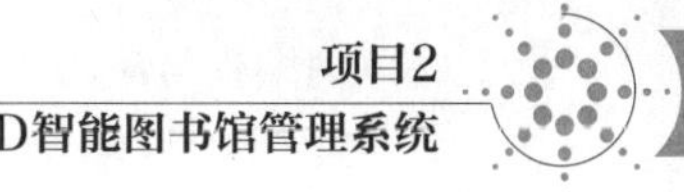

过这个参数传给前台显示。

需要注意的是，在ReportProgress发送信息之前或之后，后台线程应该交出时间片，以供其他线程完成相关操作，如主线程UI界面的更新操作等，否则可能会使其他线程无法工作甚至使程序无法运行。交出时间片的工作可以使用方法Thread.Sleep()完成，使后台线程暂时休眠一段时间。休眠时间长短可以根据UI线程更新需要的时间设定（如果太短，则有可能导致UI线程的更新操作无法完成），如Thread.Sleep(100)。当然，如果仅仅是为了交出时间片，则也可以设成Thread.Sleep(0)。

再次，ReportProgress方法会触发BackgroundWorker的ProgressChanged事件。ProgressChanged事件的委托方法在主线程中运行，主要用于将处理进度等信息反馈给主线程（DoWork事件的委托方法不负责这项工作）。

ProgressChanged的委托方法形式为"方法名(object sender, ProgressChangedEventArgs e)，如：

backgroundWorker1_ProgressChanged(object sender, ProgressChangedEventArgs e)

参数e中就包含着ReportProgress传出的percentProgress和userState（如果第二步调用的是ReportProgress的只有一个参数的重载形式，那么e.UserState为空）。

就这样，BackgroundWorker进行后台运算并与主线程界面进行通信，直到后台任务完成或被中断。

对于一个友好的程序，当后台工作完成后，还应该给用户以提示，提示工作已经完成。这项工作可以通过在BackgroundWorker的OnRunWorkerCompleted事件中添加代码或为其设置委托方法来完成。OnRunWorkerCompleted事件的委托方法形式为"函数名(object sender, RunWorkerCompletedEventArgs e)"。前面说过，DoWork事件的委托方法的参数DoWorkEventArgs e中有一个属性Result用于保存运算结果，这个属性的值会在后台运算完成后自动传到OnRunWorkerCompleted事件的委托方法中，从而传给前台线程进行显示。需要注意的是，应该在该方法中判断线程结束的原因（完成后台操作、取消后台操作、发生异常错误），只有成功完成后台操作的情况下才能使用e.Result；如果e.Cancel==true或e.Error!=null就不能使用e.Result，否则会引发"System.InvalidOperationException"类型的异常。

BackgroundWorker还提供了CancelAsync方法允许用户手动终止后台任务，正常使用该方法的前提是设置了WorkerSupportsCancellation属性为true。

BackgroundWorker组件实现异步操作详解如图2–6所示。

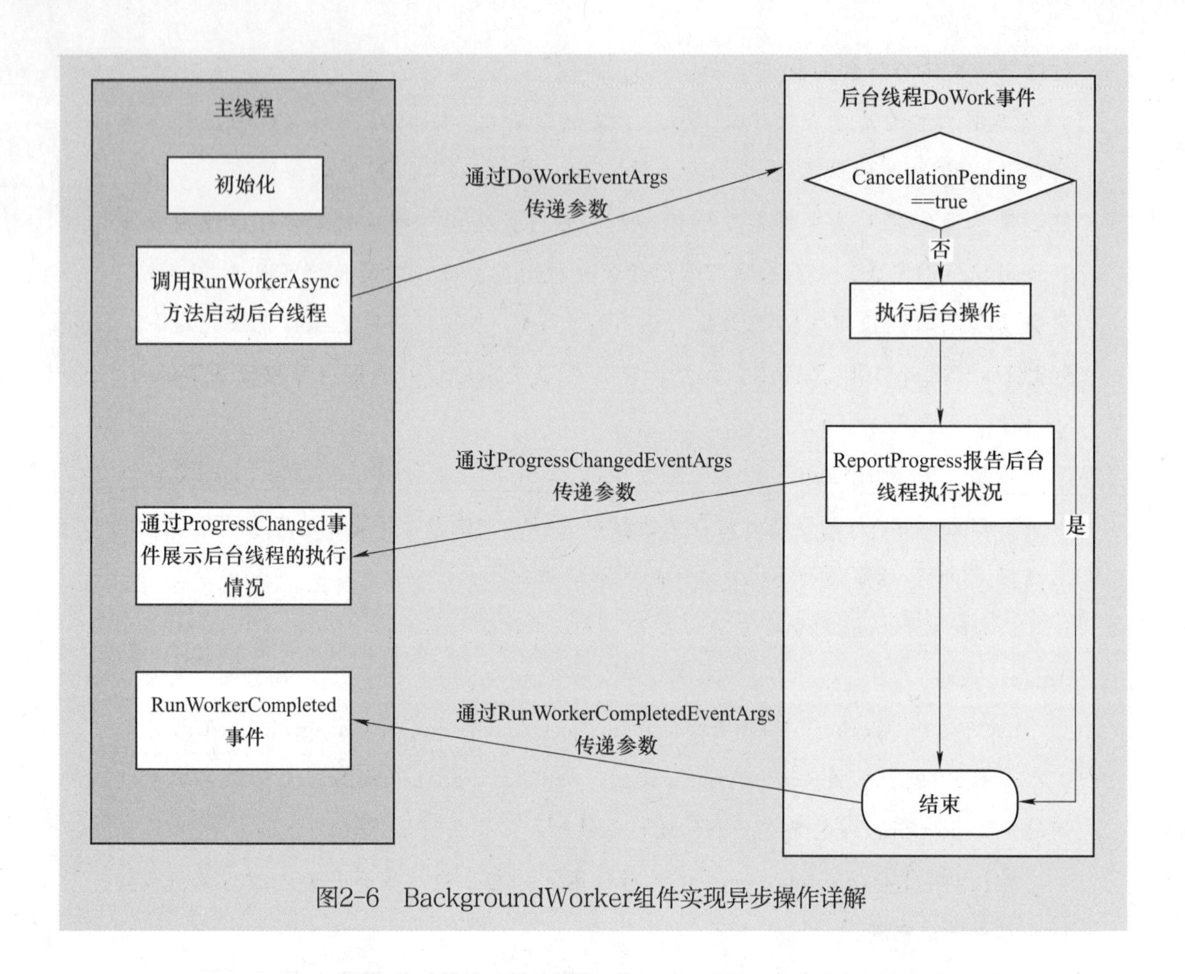

图2-6　BackgroundWorker组件实现异步操作详解

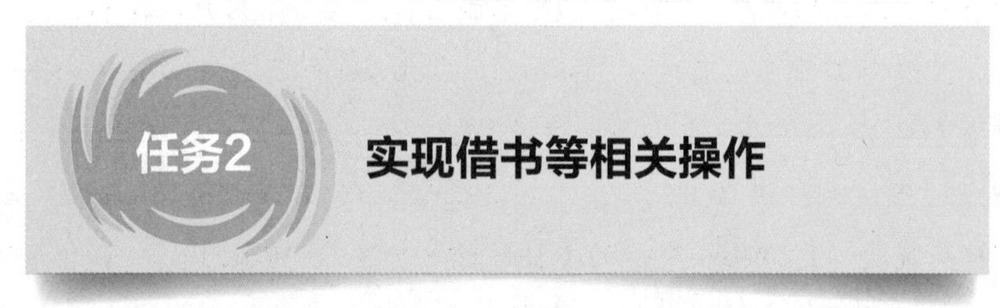

任务2　实现借书等相关操作

任务分析

无线射频（RFID）系统能够对借书事件进行自动化管理，实现多本图书信息一次性读取。读者通过简单易用的自助方式便可完成图书的外借和还回手续；而在新书入库以及图书遗失检验提示等环节，该系统也实现了智能化的管理，大大提升了图书馆管理及服务的水平。

实现图书馆中借书、还书等相关操作，根据任务需求，应具备以下几个功能：

1）实现借书功能，并且判断位置状态。

2）实现还书功能，并且判断位置状态。

3）实现新书入库功能。

4）实现遗失出库功能。

任务实施

1. 程序界面设计

1）添加“书架操作”部分的控件，具体见表2-6。

表2-6 “书架操作”控件列表及属性

对象名称	对象类型	属性	值
gbBookControl	GroupBox	Text	书架操作
btnBorrow	Button	Text	借书
btnReturn	Button	Text	还书
btnAdd	Button	Text	新书入库
btnDelete	Button	Text	遗失出库

界面完成后效果如图2-7所示。

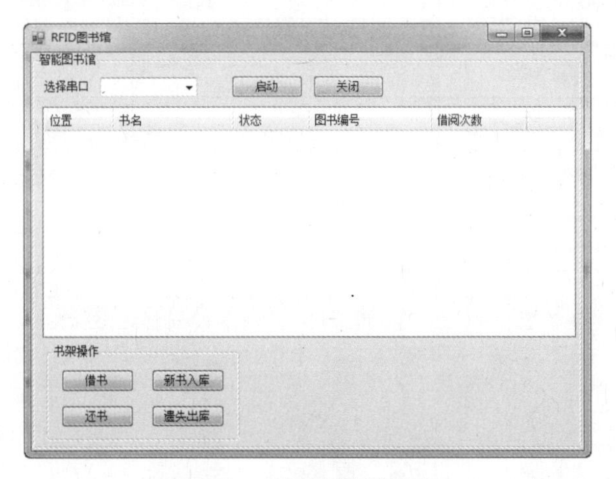

图2-7 书架操作设计界面

2）新建窗体，添加Windows窗体Borrow. cs，Text属性设置为“借书”，Size属性为“500，140”。添加“借书”部分的控件，具体见表2-7。

表2-7 “借书”控件列表及属性

对象名称	对象类型	属性	值
lblChannel	Label	Text	位置编号
cbbNum	ComboBox		
lblNumber	Label	Text	图书编号
txtNum	TextBox		
lblName	Label	Text	图书名称
txtName	TextBox		

界面完成后效果如图2-8所示。

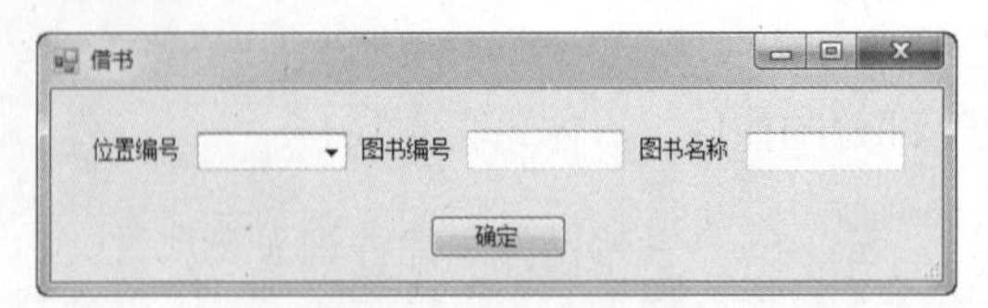

图2-8 “借书”界面

3）新建窗体，添加Windows窗体Return. cs，Text属性设置为“还书”，Size属性为“500，140”。添加“还书”部分的控件，具体见表2-8。

表2-8 “还书”控件列表及属性

对象名称	对象类型	属性	值
lblChannel	Label	Text	位置编号
cbbNum	ComboBox		
lblNumber	Label	Text	图书编号
txtNum	TextBox		
lblName	Label	Text	图书名称
txtName	TextBox		

界面完成后效果如图2-9所示。

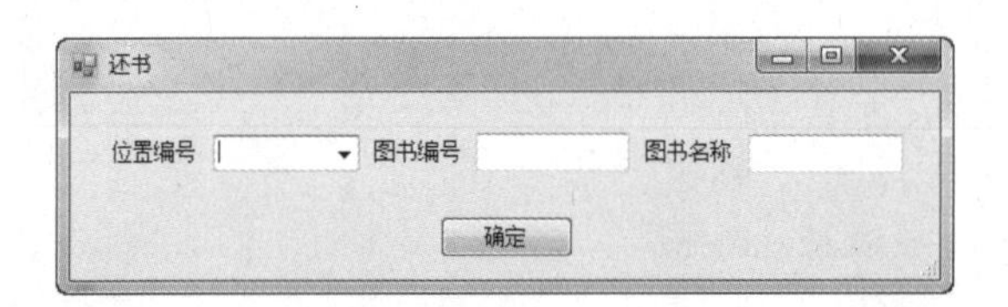

图2-9 “还书”界面

4）新建窗体，添加Windows窗体Add. cs，Text属性设置为“新书入库”，Size属性为“500，140”。添加“新书入库”部分的控件，具体见表2-9。

表2-9 “新书入库”控件列表及属性

对象名称	对象类型	属性	值
lblChannel	Label	Text	位置编号
cbbNum	ComboBox		
lblNumber	Label	Text	图书编号
txtNum	TextBox		
lblName	Label	Text	图书名称
txtName	TextBox		

界面完成后效果如图2-10所示。

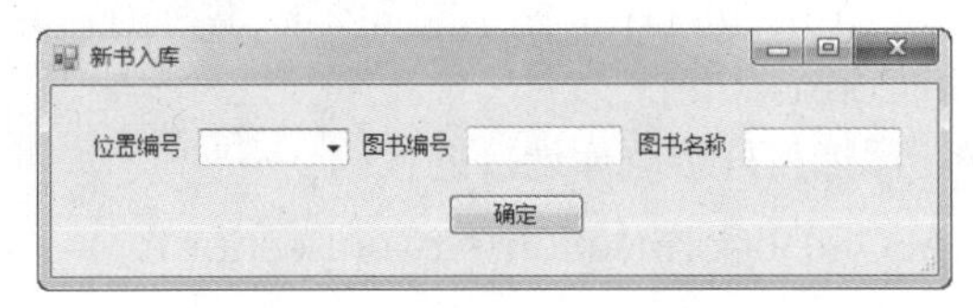

图2-10 “新书入库”界面

5）新建窗体，添加Windows窗体Delete. cs，Text属性设置为“遗失出库”，Size属性为“500，140”。添加“遗失出库”部分的控件，具体见表2-10。

表2-10 “遗失出库”控件列表及属性

对象名称	对象类型	属性	值
lblChannel	Label	Text	位置编号
cbbNum	ComboBox		
lblNumber	Label	Text	图书编号
txtNum	TextBox		
lblName	Label	Text	图书名称
txtName	TextBox		

界面完成后效果如图2-11所示。

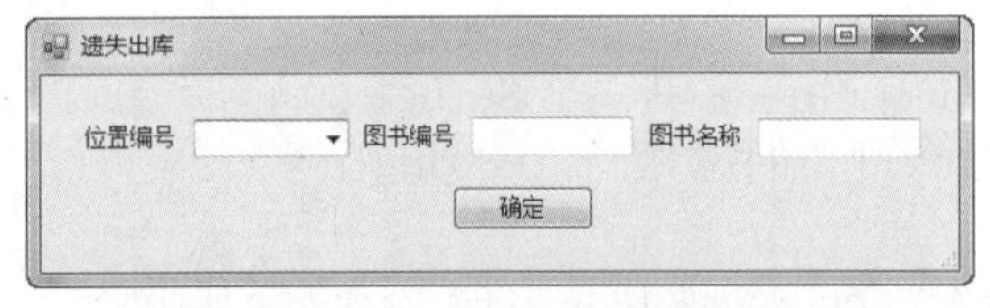

图2-11 “遗失出库”界面

2. 代码编写

1）在主窗体中进行以下操作:

① 双击“借书”按钮，为其添加Click事件，添加如下代码:

```
Borrow frmBorrow = new Borrow();
frmBorrow.ShowDialog();
```

② 双击“还书”按钮，为其添加Click事件，添加如下代码:

```
Borrow frmReturn = new Return ();
frmReturn.ShowDialog();
```

③ 双击“新书入库”按钮，为其添加Click事件，添加如下代码:

```
Borrow frmAdd = new Add();
frmAdd.ShowDialog();
```

④ 双击“遗失出库”按钮，为其添加Click事件，添加如下代码:

```
Borrow frmDelete = new Delete ();
frmDelete.ShowDialog();
```

2）在Borrow. cs窗体中进行以下操作:

① 新建数据库连接字符串及数据库连接对象，代码如下：

```
string strConnection = "Provider=microsoft.jet.oledb.4.0;data source=library.mdb";
OleDbConnection objConnection;
```

② 在Borrow主类中，添加打开数据库连接的代码：

```
objConnection = new OleDbConnection(strConnection);
objConnection.Open();
```

③ 在窗体的空白处双击鼠标左键，在Borrow_Load的事件中，添加如下代码：

```
OleDbCommand sql = new OleDbCommand("select * from [book] where 状态 = '正常' ", objConnection);
OleDbDataReader reader = sql.ExecuteReader();

while (reader.Read())
{
    cbbNum.Items.Add(reader["位置"].ToString());
}
```

④ 双击下拉列表控件，在cbbNum_SelectedIndexChanged事件中，添加如下代码：

```
OleDbCommand sql = new OleDbCommand("select * from [book] where 状态 = '正常' and 位置='" + cbbNum.Text + "'", objConnection);
OleDbDataReader reader = sql.ExecuteReader();
reader.Read();
txtNum.Text = reader[“图书编号”].ToString();
txtName.Text = reader[“图书名称”].ToString();
```

⑤ 双击“确定”按钮，为其添加Click事件，添加如下代码：

```
string sql = "update [book] set 状态='未取书' where 位置='" + cbbNum.Text + "'";
OleDbCommand bookBorrow = new OleDbCommand(sql, objConnection);
bookBorrow.ExecuteNonQuery();

string sql1="update [book] set 借阅次数=借阅次数+1 where 位置='" + cbbNum.Text+"'";
OleDbCommand addjieyuecishu = new OleDbCommand(sql1, objConnection);
addjieyuecishu.ExecuteNonQuery();

this.Close();
```

3）在Return.cs、Delete.cs和Add.cs窗体中采用类似的处理方式。

代码分析

1）Borrow frmBorrow = new Borrow();

```
frmBorrow.ShowDialog();
```

新建Borrow的窗体实例frmBorrow，并且打开该窗体。

2）while (reader.Read())

```
{
    cbbNum.Items.Add(reader[“位置”].ToString());
}
```

从OleDbDataReader的对象reader中，循环读取数据内容，并把数据添加到下拉列表控件cbbNum的控件中。

3）string sql = "update [book] set 状态='未取书' where 位置=' " + cbbNum.Text + " ' ";

```
addjieyuecishu.ExecuteNonQuery();
```

获取下拉列表的值，动态拼接SQL语句，并通过函数ExecuteNonQuery()执行该语句。

知识链接

RFID技术

1. RFID简介

RFID（Radio Frequency Identification，射频识别）技术又称无线射频识别技术，是一种通信技术，可通过无线电信号识别特定目标并读写相关数据，而无须在识别系统与特定目标之间建立机械或光学接触。

RFID类似于条码扫描，对于条码技术而言，它是将已编码的条形码附着于目标物并使用专用的扫描读写器，利用光信号将信息由条形磁传送到扫描读写器；而RFID则使用专用的RFID读写器及专门的可附着于目标物的RFID标签，利用频率信号将信息由RFID标签传送至RFID读写器。

图书馆RFID原理如图2-12所示。

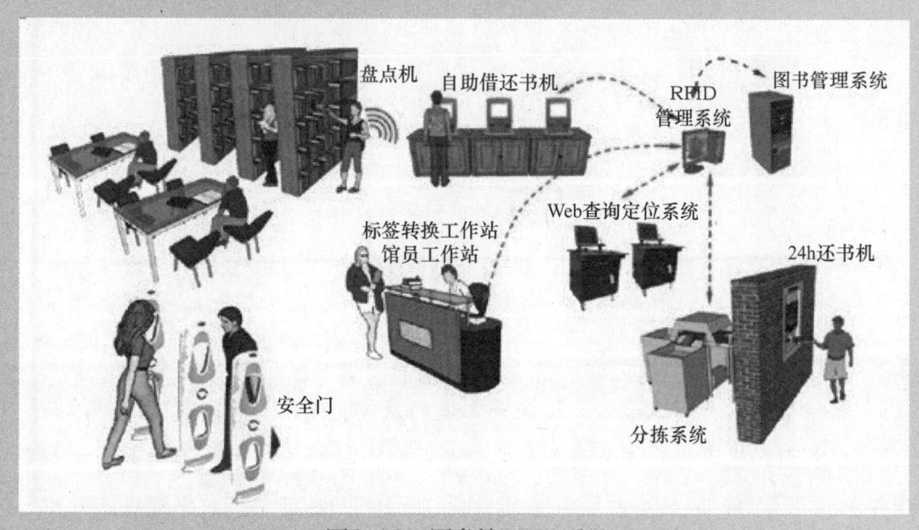

图2-12　图书馆RFID原理

2. RFID基本组成部分

1）应答器，由天线，耦合元件及芯片组成，一般来说都是用标签作为应答器，每个标签具有唯一的电子编码，附着在物体上标识目标对象。常见的RFID应答器如图2-13和图2-14所示。

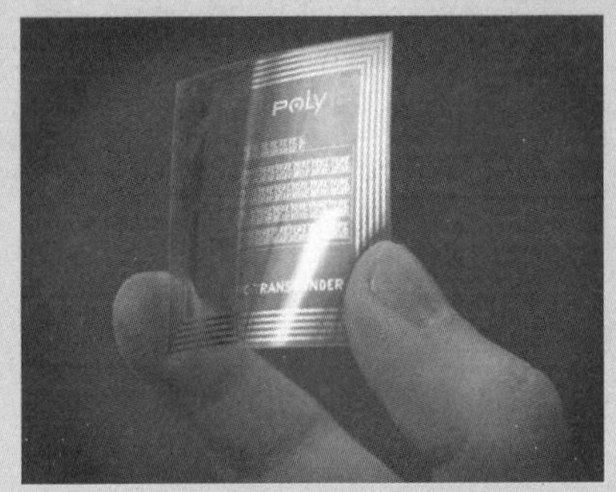

图2-13　常见的RFID应答器1

图2-14　常见的RFID应答器2

2）阅读器，由天线，耦合元件及芯片组成。读取（有时还可以写入）标签信息的设备可设计为手持式RFID读写器或固定式读写器。常见的RFID阅读器如图2-15和图2-16所示。

图2-15　常见的RFID阅读器1

图2-16　常见的RFID阅读器2

3）应用软件系统，是应用层软件，主要是把收集的数据做进一步处理，并供用户使用。

3. 性能特点

1）快速扫描。RFID辨识器可同时辨识、读取多个RFID标签。

2）体积小型化、形状多样化。RFID在读取上并不受尺寸大小与形状限制，无须为了读取精确度而配合纸张的固定尺寸和印刷品质。此外，RFID标签可向多样形态方向发展，以应用于不同产品。

3）抗污染能力和耐久性好。传统条形码的载体是纸张，因此容易受到污染，但RFID对水、油和化学药品等物质具有很强抵抗性。此外，由于条形码是附于塑料袋或外包装纸箱上的，因此特别容易受到折损；而RFID卷标是将数据存在芯片中，因此可以免受污损。

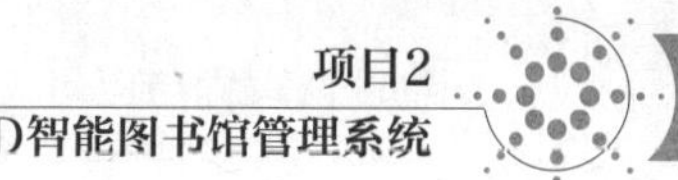

4）可重复使用。现今的条形码印刷上去之后就无法更改，RFID标签则可以重复地新增、修改、删除RFID卷标内储存的数据，方便信息的更新。

5）穿透性和无屏障阅读。在被覆盖的情况下，RFID能够穿透纸张、木材和塑料等非金属或非透明的材质，且能进行穿透性通信。

6）数据的记忆容量大。一维条形码的容量是50B，二维条形码的最大容量是3000B，RFID最大的容量则有数MB。随着记忆载体的发展，数据容量也有不断扩大的趋势。未来物品所需携带的资料量会越来越大，对卷标所能扩充容量的需求也相应增加。

7）安全性高。由于RFID承载的是电子式信息，其数据内容可经由密码保护，因此其内容不易被伪造或变造。

实现对图书的统计

任务分析

本任务的实现能够对图书馆书籍管理实行计量化管理。本模块是对图书馆工作进行调查、统计和分析，提供统计资料，制订数量指标，实行统计监督，研究图书馆统计方法，对图书馆各项工作进行整体性评价。

其作用主要如下：

1）为图书馆计划的编制与检查提供数据资料。

2）为图书馆各级领导科学决策提供依据。

3）为评价图书馆的经济效益、社会效益、贡献、工作优劣等提供数据资料。

4）为图书馆管理控制提供反馈信息。

对图书馆中的数据进行统计，更好地了解图书馆的各项状态。

根据任务需求，应具备以下几个功能：

1）完成图书总量的统计。

2）完成当前书架图书的数量统计。

3）完成最受欢迎图书的统计。

4）完成书架总借阅次数的统计。

任务实施

1. 程序界面设计

添加“统计”部分的控件，具体见表2-11。

表2-11 “统计”控件列表及属性

对象名称	对象类型	属　性	值
gbCount	GroupBox	Text	统计
btnCount	Button	Text	统计
lblBookCount	Label	Text	图书总量:
lblBookCountNow	Label	Text	当前书架书的数量:
lblBest	Label	Text	最畅销图书:
lblAll	Label	Text	书架总借阅次数:

界面完成后效果如图2-17所示。

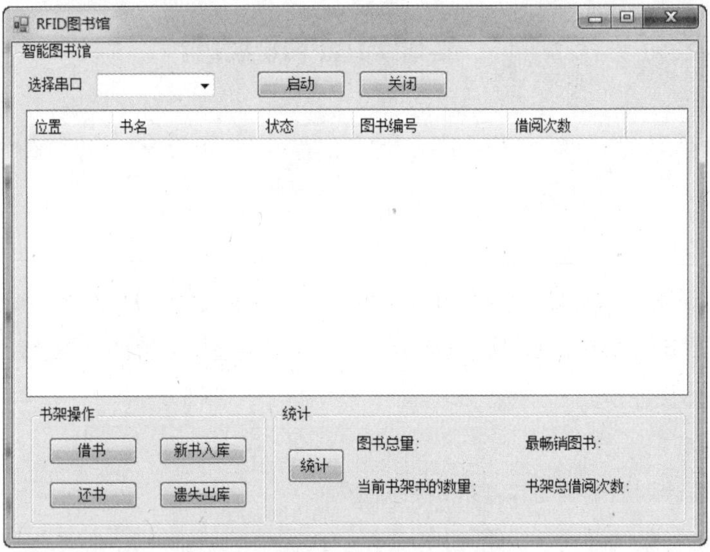

图2-17 统计界面设计效果

2. 代码编写

双击“统计”按钮，为其添加Click事件，添加如下代码：

```
private void btnCount_Click(object sender, EventArgs e)
{
    {
        OleDbCommand chaxun = new OleDbCommand("select count(*) as
        bookCount from [book]", conn);
        OleDbDataReader reader = chaxun.ExecuteReader();
```

```
        reader.Read();
        lblBookCount.Text = "图书总量:" + reader["bookCount"];
    }

    {
        OleDbCommand chaxun = new OleDbCommand("select * from [book]
        order by 借阅次数 desc", conn);
        OleDbDataReader reader = chaxun.ExecuteReader();
        reader.Read();
        lblBest.Text = "最畅销图书:" + reader["图书名称"];
    }

    {
        OleDbCommand chaxun = new OleDbCommand("select count(*) as
        bookCountNow from [book] where 状态='正常'", conn);
        OleDbDataReader reader = chaxun.ExecuteReader();
        reader.Read();
        lblBookCountNow.Text = "当前书架书的数量:" + reader["bookCountNow"];
    }

    {
        OleDbCommand chaxun = new OleDbCommand("select sum(借阅次数) as
        bookAll from [book]", conn);
        OleDbDataReader reader = chaxun.ExecuteReader();
        reader.Read();
        lblAll.Text = "书架总借阅次数:" + reader["bookAll"];
    }
}
```

拓展任务——图书查找

任务分析

智能图书管理系统为图书馆提供了全新盘点模式，降低了管理人员的劳动强度，大幅提高了图书盘点及错架图书的整理效率，使错架图书的查找变得更为快捷、便利，同时进一步挖掘潜在图书资源，提高图书资料的利用率。

通过本拓展任务模块的完成，管理员能够通过检索图书的编号或名称，提供该书所在具体位置的信息，以方便工作人员获取。

1）创建数据库。

2）能够根据书名或图书编号查找图书所在位置。

3）能够根据图书位置查找图书名称及图书编号。

参考界面

本拓展任务参考界面如图2-18所示。

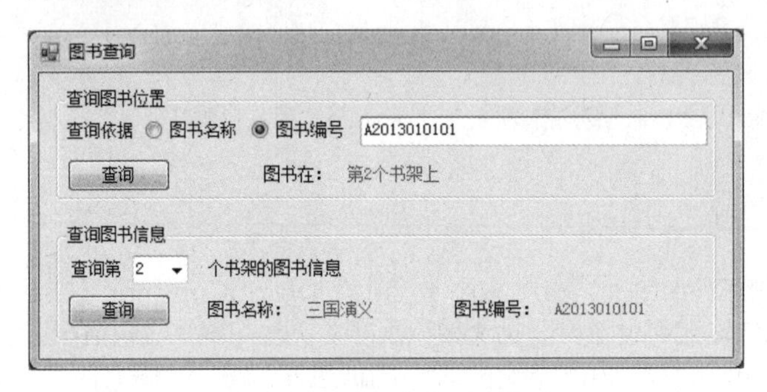

图2-18　图书查询界面效果

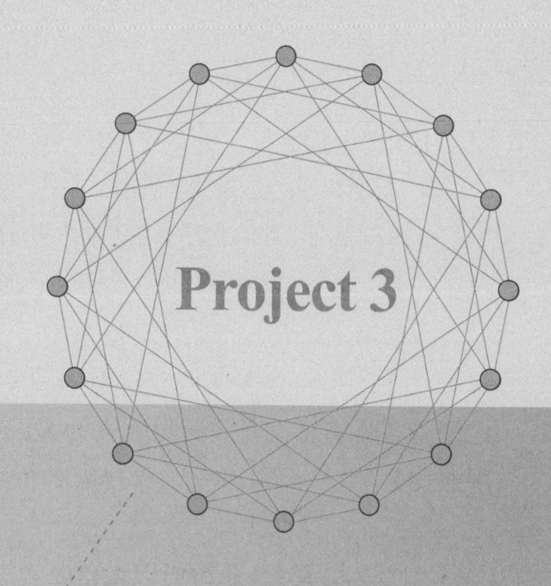

项目3 构建RFID智能血液管理系统

项目情景

利用RFID技术进行医疗设施运作科学管理，实现各类信息的交互与处理。医院中，血液在采集、存储、运输、使用的过程中，如果利用RFID技术和计算机技术进行质量的实时监控，则能够使得整个产业链清晰透明、不受污染，质量得到实时监控与互联跟踪，真正地实现血液管理的信息化，提高工作效率，把科学安全的血液管理落实到实处。

血液是医疗事业中必备的重要医疗物资，但其又是多种疾病传播的渠道。由血液的传染而引起和传播的疾病，如艾滋病、乙肝、丙肝等数不胜数，而其中很大一部分是因为不规范的血液采集、存储和使用等造成的。因此，血液管理急需严谨、规范的管理制度，虽然这些环节中仍然有很多不可抗因素，但加强用血管理、保障用血安全，势在必行。

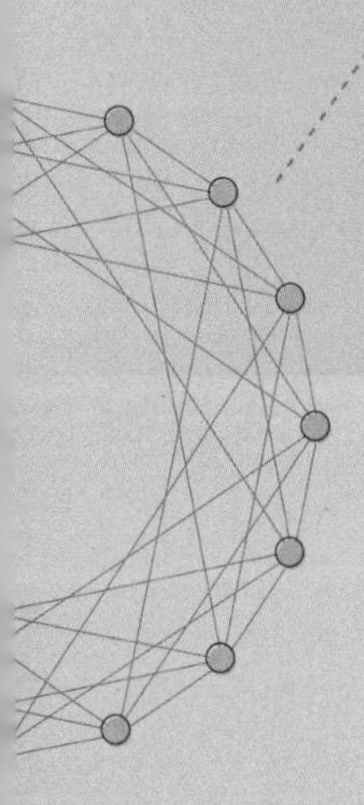

项目概述

1. 减少对血液的污染

系统采用RFID非接触式射频识别技术，免去人工接触环节，避免血液采集在此环节中受到外在污染，有效保证了用血安全。

2. 实现科学的血液信息管理

从血液采集到入库直至最后血液的使用等一系列环节中涉及的数据信息极为繁多琐碎，包括献血者资料、血液类型、采集血液的时间、经手人等大量数据，这些均为用血管理带来一定程度的困难，再加上血液极易变质的特殊属性以及用血安全问题的等级高度，用血管理需要非常精确的零误差管理，而利用RFID标签可以实时、高效地记录各类信息，有效避免因人为失误引起的差错，最大限度地提高处理效率和保障用血安全。

3. 有效期自动提醒

当血液入库时，系统可以设置血液的有效期，超过有效期而血液仍未被使用，则系统会自动报警提醒，工作人员便可以一目了然地进行实时处理，高效且便捷。

4. 多标签识别，提高工作效率

在为每一袋血液贴上RFID标签以后，利用RFID读写器和天线的配合可以进行多标签的一次性识别，免去人工输入或手工记录的烦琐、低效，以及出错风险。自动识别后，系统可实时地将数据传送至系统管理中心进行集中管理，免去其中的人工环节，依旧体现了高效、便捷、精确的管理能力。

5. 实时的跟踪管理

RFID技术能有效解决血液在存储和运输途中的质量实时监控问题，从血液采集到患者使用，全过程体系化管理。血液经采集后即贴上RFID标签，标签内包含所有的血液信息，自此血液跟踪开始，无论血液在库还是调拨移库，直到患者使用的最终环节，全过程均可以施行安全监控。

本项目的任务体系如图3-1所示。

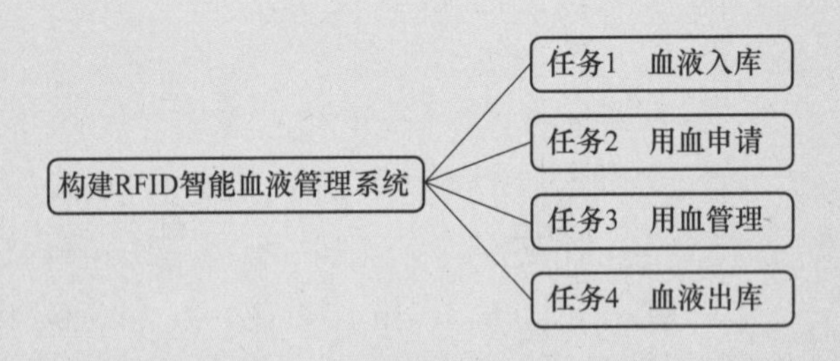

图3-1　项目3任务体系

硬件及软件环境

1）物联网实验操作台（产品型号：QX-WSXT）中的智能货架。

2）带有RFID芯片的标签。

3）装有Visual Studio 2010软件的计算机一台。

任务1 血液入库

任务分析

从血液采集到入库直至最后血液的使用等一系列环节中涉及的数据，包括献血者的资料、血液类型、采集时间、经手人等大量信息，这些均为血液管理带来一定的困难。因此可以利用RFID标签实时记录所有信息，使得数据在标签及计算机中均有保存，方便管理。

对新收集的血液进行入库，并将相关数据保存至RFID标签及数据库中。

根据任务需求，该任务模块应具备以下两个功能：

1）完成数据库的设计。

2）完成新血液的入库信息采集（信息采集的内容很多，本任务只选取有代表性的数据进行采集）。

任务实施

1. 创建新项目

启动Microsoft Visual Studio 2010，新建Visual C#项目，项目名称为“血液管理系统”，如图3-2所示。

图3-2 新建C#项目

2. 数据库设计

1）新建blood表，用于保存血液信息，具体表结构见表3-1。

表3-1　blood表

字段名称	数据类型
ID	自动编号
位置	短文本
编号	短文本
姓名	短文本
血型	短文本
地点	短文本
添加时间	日期/时间

2）新建apply表，用于保存用血申请的信息，具体表结构见表3-2。

表3-2　apply表

字段名称	数据类型
ID	自动编号
申请人	短文本
电话	短文本
申请血型	短文本
申请量	短文本
状态	短文本
添加时间	日期/时间

3）新建quantity表，用于保存各血型的库存信息，具体表结构见表3-3。

表3-3　quantity表

字段名称	数据类型
ID	自动编号
A	数字
B	数字
O	数字
AB	数字

3. 程序界面设计

1）新建窗体。修改现有的Windows窗体Form1，重命名为FormMain，Text属性设置为“血液管理系统”，Size属性为“340，310”。

2）添加主界面部分控件，具体见表3-4。

表3-4　主界面控件列表及属性

对象名称	对象类型	属　性	值
btnConfig	Button	Text	配置
btnExit	Button	Text	退出
btnAdd	Button	Text Enabled	入库
btnTake	Button	Text Enabled	出库
btnApply	Button	Text Enabled	用血申请
btnManage	Button	Text Enabled	用血管理

界面完成后，效果如图3-3所示。

图3-3　血液管理系统界面效果

3）新建窗体，添加Windows窗体Config. cs，Text属性设置为“串口配置”，Size属性为“300，150”。

4）添加配置页面部分控件，具体见表3-5。

表3-5　配置页面控件列表及属性

对象名称	对象类型	属　性	值
lblPort	Label	Text	通信串口:
cbPort	ComboBox		
btnOK	Button	Text	确定

界面完成后，效果如图3-4所示。

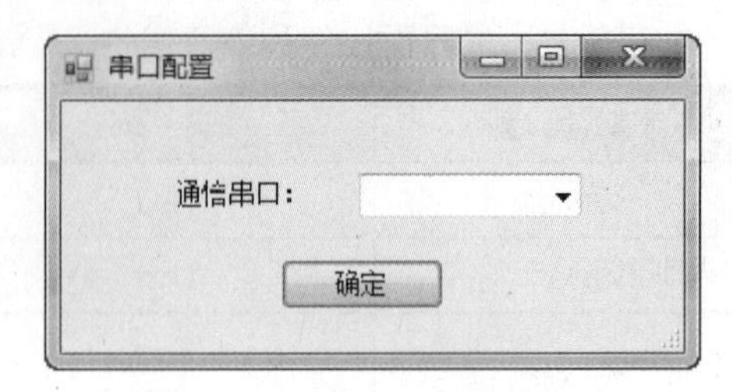

图3-4　串口配置界面效果

5）新建窗体，添加Windows窗体Add.cs，Text属性设置为“血液入库”，Size属性为“265，326”。

6）添加“血液入库”部分的控件，具体见表3-6。

表3-6　“血液入库”控件列表及属性

对象名称	对象类型	属　性	值
lblPosition	Label	Text	位置
lblNumber	Label	Text	编号
lblName	Label	Text	供血人姓名
lblType	Label	Text	血型
lblPlace	Label	Text	地点
lblLight	Label	Text	血量
cbPosition	ComboBox		
cbType	ComboBox		
cbLight	ComboBox		
txtNumber	TextBox		
txtName	TextBox		
txtPlace	TextBox		
btnAdd	Button	Text	入库
btnReturn	Button	Text	返回

界面完成后，效果如图3-5所示。

图3-5　血液入库界面效果

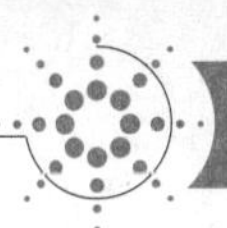

4. 代码编写

（1）在FormMain主窗体中

双击“配置”按钮，为其添加Click事件，添加如下代码：

```
private void btnConfig_Click(object sender, EventArgs e)
        {
            Config new form = new Config();
            new form.ShowDialog();
        }
```

（2）在Config.cs窗体中

在下拉列表中获取串口信息（具体实现方式参考项目1中的实现方式）

双击“确定”按钮，为其添加Click事件，添加如下代码：

```
    private void btnOK_Click(object sender, EventArgs e)
{
    port = cbPort.Text;
    if (port != string.Empty)
    {
        FormMain.systemIsOn = true;
        this.Close();
    }
else
    {
        MessageBox.Show("请选择串口！");
    }
}
```

（3）在Add.cs窗体中

添加数据库连接的相关代码（略）

1）双击“入库”按钮，为其添加Click事件，添加如下代码：

```
private void btnAdd_Click(object sender, EventArgs e)
{
string now = DateTime.Now.ToString("yyyy/MM/dd hh:mm:ss");
if (cbPosition.Text != " "&& txtNumber.Text != " "&& txtName.Text != " "&&
cbType.Text != " "&& txtPlace.Text != " ")
            {
                if (cbType.Text != "A"&& cbType.Text != "B"&& cbType.Text !=
                "O"&& cbType.Text != "AB")
                {
                    MessageBox.Show("请选择正确的血型");
                }
else
                {
```

```
string sql = "";
                        sql = "insert into [blood] (添加时间,位置,编号,姓名,血型,地点)
values ('"+now+"','" + cbPosition.Text + "','" + txtNumber.Text + "','" + txtName.
Text + "','" + cbType.Text + "','" + txtPlace.Text + "')";
OleDbCommand bloodAdd = new OleDbCommand(sql, objConnection);
if (bloodAdd.ExecuteNonQuery() > 0)
                    {
MessageBox.Show("入库成功");
if (cbType.Text == "A")
                        {
OleDbCommand AA = new OleDbCommand("select A from [quantity]", objConnection);
OleDbDataReader AA1 = AA.ExecuteReader();
while (AA1.Read())
                            {
int Ai = Convert.ToInt32(AA1["A"].ToString());

                                Ai = Ai + Convert.ToInt32(numquan.Value);

OleDbCommand An = new OleDbCommand("update [quantity] set A='" + Ai + "'
where ID=2", objConnection);
                                An.ExecuteReader();
                            }
                        }
if (cbType.Text == "B")
                        {
OleDbCommand BB = new OleDbCommand("select B from [quantity]", objConnection);
OleDbDataReader BB1 = BB.ExecuteReader();
while (BB1.Read())
                            {
int Bi = Convert.ToInt32(BB1["B"].ToString());
                                Bi = Bi + Convert.ToInt32(numquan.Value);

OleDbCommand Bn = new OleDbCommand("update [quantity] set B='" + Bi + "'
where ID=2", objConnection);
                                Bn.ExecuteReader();
                            }
                        }
if (cbType.Text == "AB")
                        {
OleDbCommand AB = new OleDbCommand("select AB from [quantity]", objConnection);
OleDbDataReader AB1 = AB.ExecuteReader();
```

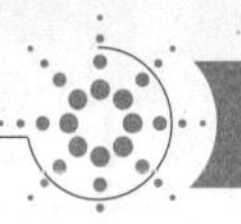

```
while (AB1.Read())
                                {
                                    int ABi = Convert.ToInt32(AB1["AB"].ToString());
                                    ABi = ABi + Convert.ToInt32(numquan.Value);

OleDbCommand ABn = new OleDbCommand("update [quantity] set AB='" + ABi + "'
where ID=2", objConnection);
                                    ABn.ExecuteReader();
                                }
                            }
if (cbType.Text == "O")
                            {
OleDbCommand OO = new OleDbCommand("select O from [quantity]", objConnection);
OleDbDataReader OO1 = OO.ExecuteReader();
while (OO1.Read())
                                {
                                    int Oi = Convert.ToInt32(OO1["O"].ToString());
                                    Oi = Oi + Convert.ToInt32(numquan.Value);

OleDbCommand An = new OleDbCommand("update [quantity] set O='" + Oi + "' where
ID=2", objConnection);
                                    An.ExecuteReader();
                                }
                            }

                        }
else
                        {
                            MessageBox.Show("入库失败");
                        }
                    }
                }
else
                {
                    MessageBox.Show("信息不能为空");
                }


byte[] data = Array.ConvertAll(this.txtNumber.Text.Split(new char[ ] { '-', ' ' }),
o =>Convert.ToByte(o, 16));
                    ctrlrfid.RFID.WriteDataBlock(0xFFFF, Convert.ToByte(cbPosition.
Text), 0, data);
```

```
this. Close();
}
```

2）双击“编号”后的文本框txtNumber，为其添加TextChanged事件，添加如下代码：

```
private void txtNumber_TextChanged(object sender, EventArgs e)
{
if ((txtNumber. Text. Length == (txtNumber. Text. LastIndexOf('-') + 3) && txtNumber. Text. Length != 11))
    {
        txtNumber. AppendText("-");
    }
}
```

3）添加文本框txtNumber的KeyPress事件，添加如下代码：

```
private void txtNumber_KeyPress(object sender, KeyPressEventArgs e)
{
if ((int)e. KeyChar >= 97 && (int)e. KeyChar <= 122)
    {
        e. KeyChar = (char) ((int)e. KeyChar - 32);
    }

if (!(e. KeyChar >= 48 && e. KeyChar <= 57 || (e. KeyChar >= 65) && e. KeyChar <= 70) && e. KeyChar != 8)
    {
        e. Handled = true;
    }

if (e. KeyChar == 8)
    {
        txtNumber. Text = " ";
    }
}
```

代码分析

1）byte[] data = Array.ConvertAll(this.txtNumber.Text.Split(new char[] { '-', ' ' }), o =>Convert.ToByte(o, 16));，对文本框中输入的数据进行格式转换，把字符串型的数据转换为Byte型数组。Split函数用来把字符串以某一个字符分割成字符串数组。o => Convert.ToByte(o, 16))通过匿名方法，把十六进制数转换为Byte型。

2）ctrlrfid.RFID.WriteDataBlock(0xFFFF, Convert.ToByte(cbPosition.Text), 0, data);，把位置数据写入到RFID中的第0个通道的数据块中保存。

3）if ((int)e.KeyChar >= 97 && (int)e.KeyChar <= 122)，判断键盘输入的是否为大写英文字母。97和122为ASCII码。

4）e.KeyChar = (char)((int)e.KeyChar − 32);，把从键盘输入的字母转换成大写字母。

5）if (!(e.KeyChar >= 48 && e.KeyChar <= 57 || (e.KeyChar >= 65) && e.KeyChar <= 70) && e.KeyChar != 8)

```
{
    e.Handled = true;
}
```

判断键盘输入的值是否有效，只有数字和大小写的字母a～f合法（符合十六进制数的格式）。ASCII 48～ASCII 57对应数字0～9，ASCII 65～ASCII 70对应大写字母A～F，ASCII 8对应为退格键，需要排除。

知识链接

ASCII码

ASCII是基于拉丁字母的一套计算机编码系统。它主要用于显示现代英语和其他西欧语言。它是现今最通用的单字节编码系统，等同于国际标准ISO/IEC 646。

在计算机中，所有的数据在存储和运算时都要使用二进制数表示（因为计算机用高电平和低电平分别表示1和0）。例如，像a、b、c、d这样的52个字母（包括大写），以及0、1等数字还有一些常用的符号（如*、#、@等）在计算机中存储时也要使用二进制数来表示，而具体用哪些二进制数字表示哪个符号，当然每个人都可以有自己的一套方案（这就叫编码），而大家如果要想互相通信而不造成混乱，那么就必须使用相同的编码规则，于是美国有关的标准化组织就出台了ASCII编码，统一规定了上述常用符号用哪些二进制数来表示。

ASCII码使用指定的7位或8位二进制数组合来表示128或256 种可能的字符。标准ASCII码也叫基础ASCII码，使用7位二进制数来表示所有的大写字母和小写字母，数字0～9和标点符号，以及在美式英语中使用的特殊控制字符。其中：

① 0～31及127（共33个）是控制字符或通信专用字符（其余为可显示字符），如控制符LF（换行）、CR（回车）、FF（换页）、DEL（删除）、BS（退格）、BEL（响铃）等；通信专用字符SOH（文头）、EOT（文尾）、ACK（确认）等；ASCII值为8、9、10和13分别转换为退格、制表、换行和回车字符。它们并没有特定的图形显示，但会依不同的应用程序而对文本显示有不同的影响。

② 32～126（共95个）是字符（32是空格），其中48～57为0～9十个阿拉伯

数字。

③ 65～90为26个大写英文字母，97～122为26个小写英文字母，其余为一些标点符号、运算符号等。

同时还要注意，在标准ASCII中，其最高位（b7）用作奇偶校验位。所谓奇偶校验，是指在代码传送过程中用来检验是否出现错误的一种方法，一般分为奇校验和偶校验两种。奇校验规定：正确的代码一个字节中，1的个数必须是奇数，若非奇数，则在最高位b7添1；偶校验规定：正确的代码一个字节中，1的个数必须是偶数，若非偶数，则在最高位b7添1。

后128个称为扩展ASCII码。许多基于x86的系统都支持使用扩展（或“高”）ASCII。扩展ASCII 码允许将每个字符的第8 位用于确定附加的128 个特殊符号字符、外来语字母和图形符号。

大小规则编辑如下。

① 数字0～9比字母要小，如“7” < “F”。

② 数字0比数字9要小，并按0～9顺序递增，如“3” < “8”。

③ 字母A比字母Z要小，并按A～Z顺序递增，如“A” < “Z”。

④ 同个字母的大写比小写要小，如“A” < “a”。

记住如下几个常见字母的ASCII码大小：“换行LF”为0x0A；“回车CR”为0x0D；空格为0x20；“0”为0x30；“A”为0x41；“a”为0x61。

任务分析

血液的安全管理，要求血液的来源及使用具有明确的记录，对于用血进行智能化的管理。对于每一次血液出库，都需要先在系统中申请，只有管理员查询血库血量的情况后，才能确定是否同意申请。

根据任务需求，该任务模块应具备能通过软件进行用血申请的功能。

任务实施

1. 程序界面设计

1）新建窗体，添加Windows窗体Apply.cs，Text属性设置为“用血申请”，Size属性为“238，248”。

2）添加“用血申请”部分的控件，具体见表3-7。

表3-7 “用血申请”控件列表及属性

对象名称	对象类型	属　性	值
lblName	Label	Text	申请人姓名
lblPhnum	Label	Text	申请人电话
lblType	Label	Text	申请血型
lblQuantity	Label	Text	申请用量
txtName	TextBox		
txtPhone	TextBox		
cbType	comboBox		
cbQuantity	comboBox		
btnUp	Button	Text	提交申请

界面完成后，效果如图3-6所示。

图3-6 用血申请界面效果

2. 代码编写

添加数据库连接的相关代码（略）

双击“提交申请”按钮，为其添加Click事件，添加如下代码：

```
private void btnup_Click(object sender, EventArgs e)
{
string now = DateTime.Now.ToString("yyyy/MM/dd hh:mm:ss");
if (txtName.Text != ""&& txtPhone.Text != ""&& cbType.Text != "")
    {
if (cbType.Text != "A"&& cbType.Text != "B"&& cbType.Text != "O"&& cbType.
Text != "AB")
     {
MessageBox.Show("请选择正确的血型");
}
```


项目1 项目2 项目3 项目4 项目5

```
else
        {
if (txtPhone.Text.Length == 11)
                {
try
                    {
if (1000000000 <Convert.ToInt64(txtPhone.Text) &&Convert.ToInt64(txtPhone.
Text) < 19999999999)
                            {
OleDbCommand apply = new OleDbCommand("insert into [apply] (申请人电话,申请
血型,申请量,状态,添加时间) values('" + txtName.Text + "','" + txtPhone.Text + "','"
+ cbType.Text + "','" + numquan.Value + "','待审核','" + now + "')", conn);
                              apply.ExecuteReader();
MessageBox.Show("申请成功，等待审核");
this.Close();
                            }
                        }
catch
                        {
                            MessageBox.Show("请输入正确的电话");
                        }
                }
else
                {
                        MessageBox.Show("请输入正确的电话");
                 }
            }
        }
else
{
MessageBox.Show("信息不能为空");
        }
   }
```

代码分析

if (1000000000 <Convert.ToInt64(txtPhone.Text) &&Convert.ToInt64(txtPhone.Text) < 19999999999);

//判断输入的是否为手机号码。

注意：较规范的验证方式需要使用正则表达式，如：

```
if(!System.Text.RegularExpressions.Regex.IsMatch(txtPhone.Text,@"^((0?1[358]\d{9})|((0(10|2[1-3]|[3-9]\d{2}))?[1-9]\d{6,7}))$"));
```

说明：RegEx是Visual Studio .NET中的正则表达式类，使用前需要在C#中加入RegularExpression命名空间。

任务分析

系统对于用户的用血申请能够进行汇总，并且对现有各个血型的血液库存进行动态维护，了解库存的变化状态及入库和出库的明细。

对现有的血液进行管理，能够实现血液管理操作。

根据任务需求，该任务模块应具备以下几个功能：

1）实现血液库存的显示。

2）完成血液申请记录及是否同意申请。

3）能查询申请记录。

任务实施

1. 程序界面设计

1）新建窗体，添加Windows窗体Manage. cs，Text属性设置为“用血管理”，Size属性为“804，495”。

2）添加“用血管理”部分的控件，见表3-8。

表3-8 “用血申请”控件列表及属性

对象名称	对象类型	属性	值
dgvAgree	DataGridView		
dgvApply	DataGridView		
lblType	Label	Text	血型
cbType	comboBox		
btnApply	Button	Text	查询

dgvAgree中的列的添加，如图3-7所示。

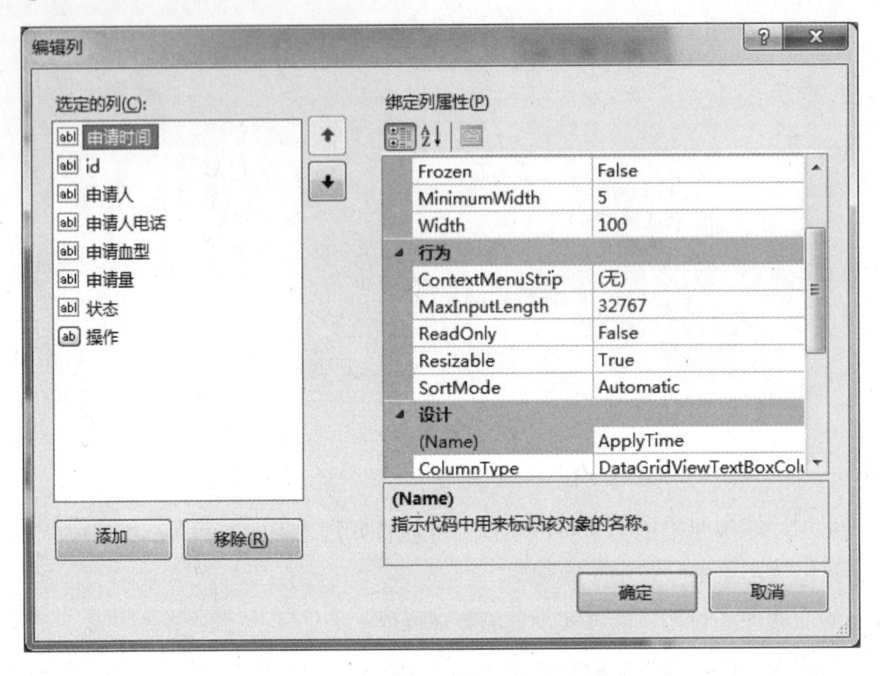

图3-7　dGVAgree中的列的添加

dgvApply中的列的添加，如图3-8所示。

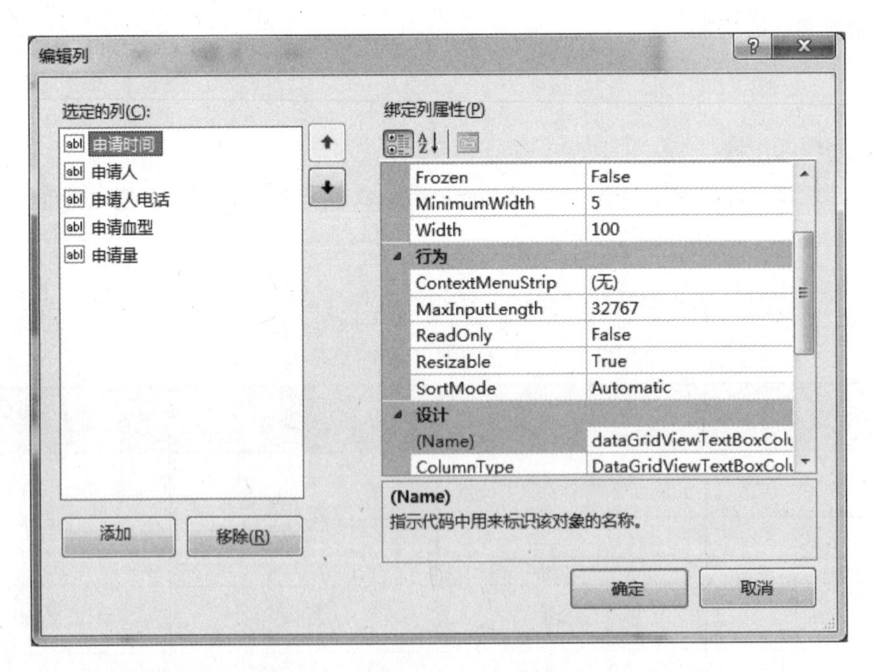

图3-8　dGVApply中的列的添加

界面完成后，效果如图3-9所示。

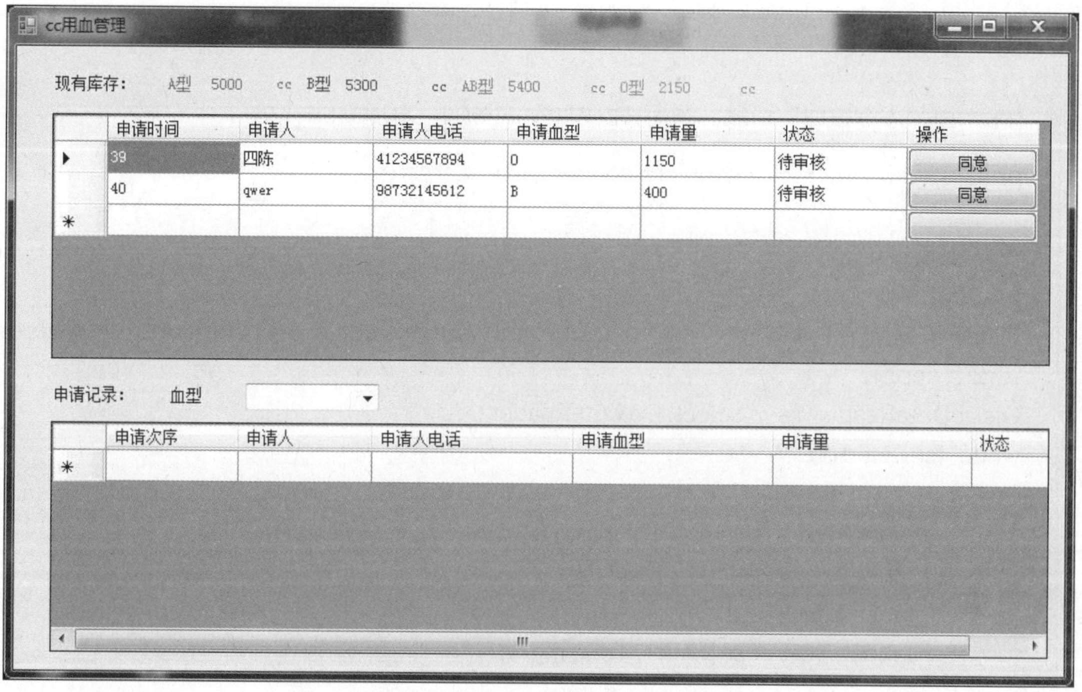

图3-9　用血申请界面效果

2. 代码编写

1）添加数据库连接的相关代码（略）。

2）绑定dgvAgree与dgvApply的数据，添加如下代码：

```
void data1()
{
string sql = string.Format("select * from [apply] where 状态='已同意',conn );
OleDbDataAdapter odb = new OleDbDataAdapter(sql, conn);
DataSet dt = new DataSet();
      odb.Fill(dt);
      dgvAgree.DataSource = dt.Tables[0];
}

void data2()
{
string sql1 = string.Format("select * from [apply] where 状态='已同意'and 申请血型='
"+cbType.Text+"'", conn);
OleDbDataAdapter odb1 = new OleDbDataAdapter(sql1, conn);
DataSet dt1 = new DataSet();
   odb1.Fill(dt1);
```

```
    dgvRecord.DataSource = dt1.Tables[0];
}
```

3）实现“库存管理”功能，添加计时器Timer事件，添加如下代码：

```
private void timer1_Tick(object sender, EventArgs e)
{
    data1();
    data2();
OleDbCommand select = new OleDbCommand("select * from [quantity] where
id=2", conn);
OleDbDataReader se = select.ExecuteReader();
while (se.Read())
    {
        labA.Text = se["A"].ToString();
        labB.Text = se["B"].ToString();
        labO.Text = se["O"].ToString();
        labAB.Text = se["AB"].ToString();
    }
}
```

4）实现“申请同意”功能，添加dgvAgree的CellClick事件，添加如下代码：

```
private void dgvAgree1_CellClick(object sender, DataGridViewCellEventArgs e)
{
string buttonText = this.dgvAgree.Rows[e.RowIndex].Cells[e.ColumnIndex].Value.
ToString();
if (buttonText == "同意")
    {
OleDbCommand sh = new OleDbCommand("update apply SET apply.状态 = '已同意'
WHERE id = " +  this.dgvAgree.Rows[e.RowIndex].Cells[1].Value, conn);
        sh.ExecuteReader();
        data1();
    }
}
```

代码分析

string buttonText = this.dgvAgree.Rows[e.RowIndex].Cells[e.ColumnIndex].Value.ToString();，获取DataGridView单元格中按钮的名称。

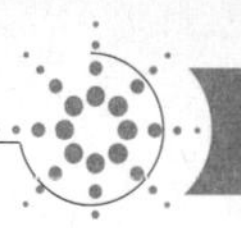

任务4 血液出库

任务分析

血液管理对于血液的安全至关重要，只有健康、安全的血液，对病人才是最大的康复保障。实现血液的动态管理及安全有效的出库是本任务的主要目标。

对现有的血液进行管理，能够实现出库操作。

根据任务需求，该任务模块应具备以下两个功能：

1）实现血液管理显示。

2）完成血液出库操作。

任务实施

1. 程序界面设计

1）新建窗体，添加Windows窗体Take.cs，Text属性设置为“血液出库”，Size属性为“650，300”。

2）添加“血液出库”部分的控件，具体见表3-9。

表3-9 “血液出库”控件列表及属性

对象名称	对象类型	属性	值
lvApp	ListView	Columns[0].Text	申请时间
		Columns[1].Text	申请人
		Columns[2].Text	申请人电话
		Columns[3].Text	血型
		Columns[4].Text	申请量
		Columns[5].Text	状态
lvBlood	ListView	Columns[0].Text	位置
		Columns[1].Text	编号
		Columns[2].Text	姓名
		Columns[3].Text	血型
		Columns[4].Text	地点
btnrefresh	Button	Text	刷新
btnTake	Button	Text	出库
btnReturn	Button	Text	返回

界面完成后，效果如图3-10所示。

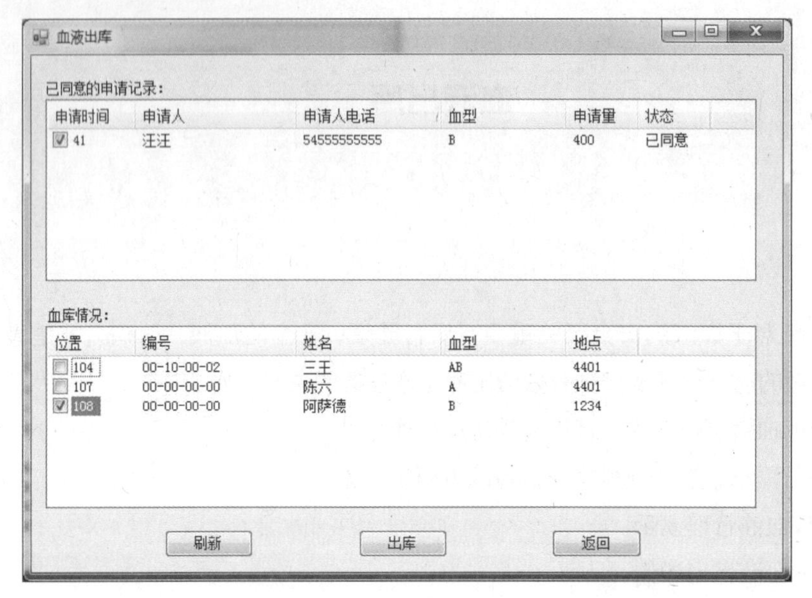

图3-10　血液出库界面效果

2. 代码编写

1）添加数据库连接的相关代码（略）。

2）绑定lVAPP和lVBlood的数据，代码如下：

```
void applylistbind ()
{
    lVapp.Items.Clear();
OleDbCommand chaxun = new OleDbCommand("select * from [apply] where 状态
='已同意' ", objConnection);
OleDbDataReader reader = chaxun.ExecuteReader();
int a = 0;
while (reader.Read())
    {
        lVapp.Items.Add(reader["添加时间"].ToString());
        lVapp.Items[a].SubItems.Add(reader["申请人"].ToString());
        lVapp.Items[a].SubItems.Add(reader["申请人电话"].ToString());
        lVapp.Items[a].SubItems.Add(reader["血型"].ToString());
        lVapp.Items[a].SubItems.Add(reader["申请量"].ToString());
        lVapp.Items[a].SubItems.Add(reader["状态"].ToString());
        a++;
    }
}
void bloodbind ()
{
    lVBlood.Items.Clear();
```

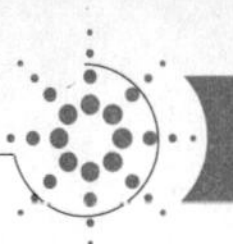

```
OleDbCommand chaxun = new OleDbCommand("select * from [blood]",
objConnection);
OleDbDataReader reader = chaxun.ExecuteReader();
int a = 0;
while (reader.Read())
    {
        lVBlood.Items.Add(reader["添加时间"].ToString());
        lVBlood.Items[a].SubItems.Add(reader["编号"].ToString());
        lVBlood.Items[a].SubItems.Add(reader["姓名"].ToString());
        lVBlood.Items[a].SubItems.Add(reader["血型"].ToString());
        lVBlood.Items[a].SubItems.Add(reader["地点"].ToString());
        a++;
    }
}
```

3）双击“刷新”按钮，为其添加Click事件，添加如下代码：

```
private void btnrefresh_Click(object sender, EventArgs e)
  {
      bloodbind ();
      applylistbind ();
  }
```

4）添加协调器，接收数据程序：

```
void ctrlrfid_PacketReceived(object sender, BIPacketReceivedEventArgs e)
{
this.BeginInvoke(new Action(( ) =>
    {
BIRfidUpgoingPacket packet = BIRfidUpgoingPacket.ParseFromBinary(e.
BinaryData);
if (packet != null)
        {
            string result = packet.TagCardState.ToString();
            string channel = packet.AntennaChannel.ToString();

        }
    }), null);
 }
```

5）双击“出库”按钮，添加相应代码：

```
private void btnTake_Click(object sender, EventArgs e)
{
string index = lVapp.SelectedItems[0].Text;
string inde = lVBlood.SelectedItems[0].Text;
OleDbCommand read1 = new OleDbCommand("select * from [apply] where 添加时
```

```
间='"+index+"'", objConnection);
OleDbDataReader reader1 = read1.ExecuteReader();
OleDbCommand read2 = new OleDbCommand("select * from [blood] where 添加时
间='"+inde+"'", objConnection);
OleDbDataReader reader2 = read2.ExecuteReader();
while (reader1.Read() && reader2.Read())
    {

        if (reader1["申请血型"].ToString() == reader2["血型"].ToString())
        {
            OleDbCommand zt = new OleDbCommand("update apply set apply.状
态 = '已处理' where id=(select top 1 id from apply where apply.状态='待审核');",
objConnection);
            zt.ExecuteReader();
            string sql = "";
            sql = "delete * from blood where 添加时间='"+inde+"'";
            OleDbCommand bloodTake = new OleDbCommand(sql, objConnection);

        if (bloodTake.ExecuteNonQuery()>=1)
                {
            MessageBox.Show("出库成功");
            OleDbCommand sc=new OleDbCommand("delete * from apply where 添加
时间='"+index+"'", objConnection);
            sc.ExecuteReader();
            applylistbind();
            if (reader1["申请血型"].ToString() == "A")
            {
                string liang = reader1["申请量"].ToString();
                OleDbCommand AA = new OleDbCommand("select A from [quantity]",
objConnection);
                OleDbDataReader AA1 = AA.ExecuteReader();
                while (AA1.Read())
                {
                    int Ai = Convert.ToInt32(AA1["A"].ToString());
                    Ai = Ai - Convert.ToInt32(liang);
                     OleDbCommand An = new OleDbCommand("update [quantity] set
A='" + Ai + "' where ID=1", objConnection);
                    An.ExecuteReader();
                }
        }
        if (reader1["申请血型"].ToString() == "B")
        {
            string liang = reader1["申请量"].ToString();
```

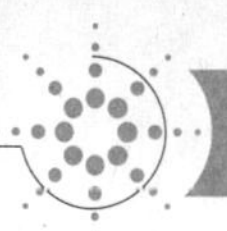

```
        OleDbCommand BB = new OleDbCommand("select B from [quantity]",
objConnection);
        OleDbDataReader BB1 = BB.ExecuteReader();
        while (BB1.Read())
        {
            int Bi = Convert.ToInt32(BB1["B"].ToString());
            Bi = Bi - Convert.ToInt32(liang);
            OleDbCommand Bn = new OleDbCommand("update [quantity] set B='
" + Bi + "' where ID=1", objConnection);
            Bn.ExecuteReader();
        }
    }
    if (reader1["申请血型"].ToString() == "O")
    {
        string liang = reader1["申请量"].ToString();
        OleDbCommand OO = new OleDbCommand("select O from [quantity]",
objConnection);
        OleDbDataReader OO1 = OO.ExecuteReader();
        while (OO1.Read())
        {
            int Oi = Convert.ToInt32(OO1["O"].ToString());
            Oi = Oi - Convert.ToInt32(liang);

            OleDbCommand On = new OleDbCommand("update [quantity] set A='"
+ Oi + "' where ID=1", objConnection);
            On.ExecuteReader();
        }
    }
    if (reader1["申请血型"].ToString() == "AB")
    {
        string liang = reader1["申请量"].ToString();
        OleDbCommand AB = new OleDbCommand("select AB from [quantity]",
objConnection);
        OleDbDataReader AB1 = AB.ExecuteReader();
            while (AB1.Read())
            {
                int ABi = Convert.ToInt32(AB1["AB"].ToString());
                ABi = ABi - Convert.ToInt32(liang);

                OleDbCommand ABn = new OleDbCommand("update [quantity] set
AB='" + ABi + "' where ID=1", objConnection);
                ABn.ExecuteReader();
            }
```

```
            }
        }
        else
        {
          MessageBox. Show ("出库失败");
    }
        }
        else
        {
              MessageBox. Show ("血型不同，不能申请");
        }
    }
        bloodbind();
    }
```

代码分析

```
    ctrlrfid.RFID.WriteDataBlock(0xFFFF, Convert.ToByte(index), 0, newbyte[]
{00,00,00,00});
    //初始化频道0数据块中的数据为“00 00 00 00 ”。当此库存出库时清空数据块。
```

拓展任务——血液环境预警

任务分析

为了保障血液的质量安全，无论是在存储还是运输过程中，均需要监控血液的温度和湿度等各方面的数据信息，当处理环节中的关键数据发生异常时，系统可利用声响报警提醒管理人员，同时自动调控相关设备以开启应急保护措施，以此保障血液的质量安全。

1）创建数据库。

2）能够设置温度和湿度的临界点，当不满足条件时，在界面中有所显示。

3）当不满足条件时，相应设备能自动开启应急措施。

参考界面

本拓展任务主要有两个界面，第一个界面为血液预警设置界面，如图3-11所示，第二个界面为血液预警提示界面，如图3-12所示。

预警设置

		空调	风扇		加湿器	
临界温度上限	20	15	◉ 旋转	○ 停止	○ 开	◉ 关
临界温度下限	5	10	○ 旋转	◉ 停止	◉ 开	○ 关
临界湿度上限	70	0	◉ 旋转	○ 停止	○ 开	◉ 关
临界湿度下限	25	0	○ 旋转	◉ 停止	◉ 开	○ 关

保存

图3-11　血液预警设置界面

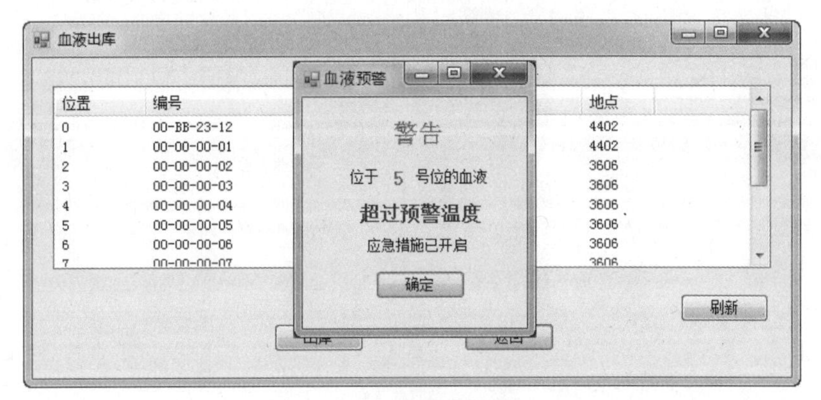

图3-12　血液预警提示界面

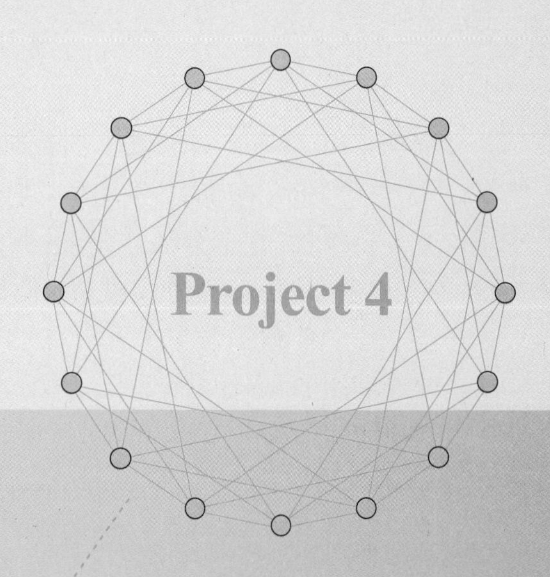

项目 4 构建RFID智能停车管理系统

项目情景

目前大家在日常生活中常见的停车场管理系统，其重点功能大多为计费、收费等，而为了便于计费需要统计处理各车辆进出的时间等，管理部门需要投入大量的人力成本，随着车辆数量的增多、人力工作的低效极大地影响了通行效率，进而对整体社会交通效率起到降低的负面作用。针对现状，使用RFID的智能停车场管理系统能够实现车辆自动识别和信息化管理，提高车辆的通行效率和安全性，在统计车辆出入数据上也更加实时、精确，工作人员可以轻松调度，减轻劳动强度，从而提高工作效率。

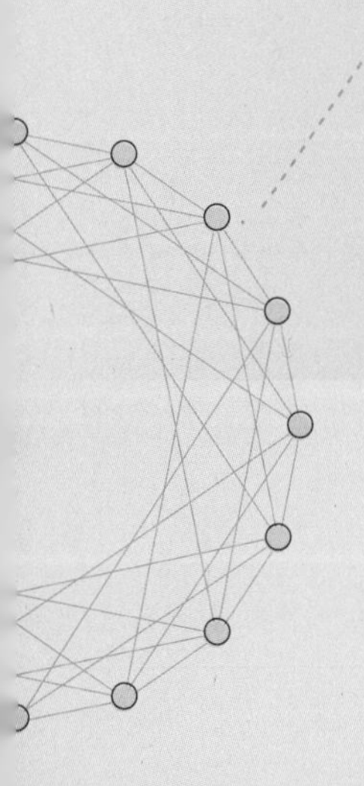

项目概述

智能停车管理系统既保留了传统停车场管理系统的所有功能，又在原有收费介质基础上对管理介质进行改进。当车辆驶入停车场时，系统自动摄取车辆正面图像，获取牌照信息，并将相关数据与用户卡进行唯一对应，存入数据库中。当车辆驶离停车场时，用户卡、车牌号码、车辆图像等相关数据必须全部完全匹配后方可启动放行机制。

系统采用“一车一卡一位”的管理模式，即从车辆驶入停车场直至车辆驶离停车场，与这辆车相关的所有数据均与卡的ID号唯一相关，通过这个唯一的ID号，可以将用户、车辆牌照、车辆图像、车辆进出场时间、停车时长、指定停车位编号、应缴费用等信息在数据库中统一起来，便于存储和查询。这样便将收费管理、泊车引导和车辆识别安全监控子系统的数据信息建立在了同一数据平台上，从而将各子系统有效地集成为统一的智能停车场管理系统。

本项目的任务体系如图4-1所示。

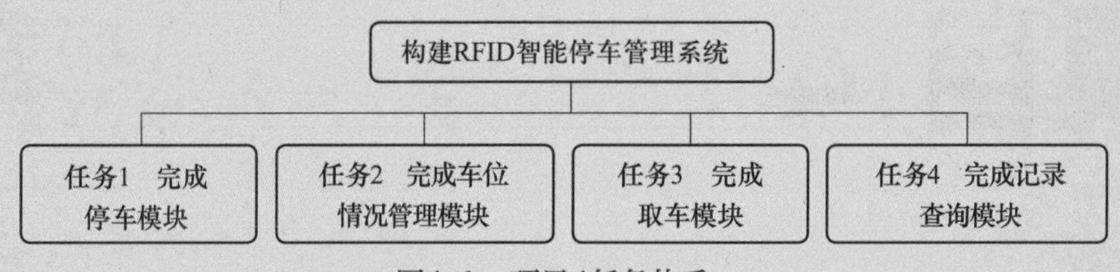

图4-1　项目4任务体系

硬件及软件环境

1）物联网实验操作台（产品型号：QX-WSXT）中的智能货架。

2）带有RFID芯片的标签。

3）装有Visual Studio 2010软件的计算机一台。

任务分析

机动车进入停车场需要取卡，而发卡过程需要设备提取相应的车辆信息以便进行安全管理和计时收费，该过程能够通过相关的物联设备，以图片、数字等数据信息进行存储记录，因此，程序设计需要操控摄像头等设备。

模拟机动车进入停车场发卡、取卡的过程，根据需求，应具备以下几个功能:

1）停车发卡时，自动获取卡号（即RFID标签号），记录车牌。

2）完成取卡的过程中，自动拍摄该车照片。

3）完成取卡的过程中，自动记录该车的停车时间。

任务实施

1. 新建项目

启动Microsoft Visual Studio 2010，新建Visual C#项目，项目名称为“SmartParking”，如图4-2所示。

图4-2　新建项目

2. 程序编写

完成启动系统及参数配置模块的程序编写（代码略），启动系统界面效果如图4-3所示，参数配置界面效果如图4-4所示。

图4-3　启动系统界面效果

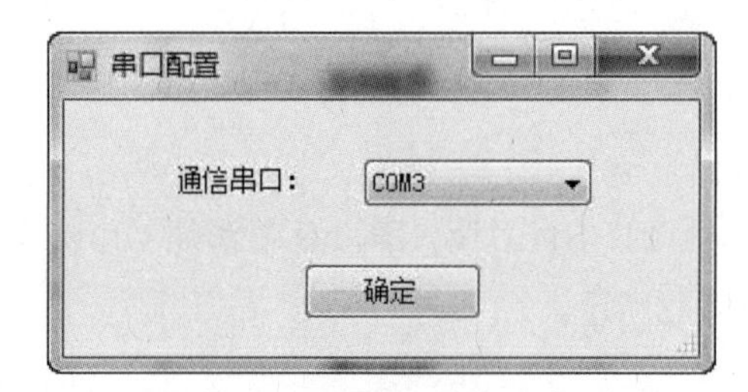

图4-4　参数配置界面效果

3. 程序界面设计

1）新建窗体，修改现有的Windows窗体Form1，重命名为Park，Text属性设置为“停车”，Size属性为“300，420”。

2）添加“停车”部分的控件，具体见表4-1。

表4-1 “停车”控件列表及属性

对象名称	对象类型	属　性	值
Park	Form	Text	停车
		Size	300，420
lblPosition	Label	Text	位置：
cbPosition	ComboBox	Size	100，20
lblNumber	Label	Text	卡号：
txtNumber	TextBox	Size	100，21
		ReadOnly	True

（续）

对象名称	对象类型	属　性	值
lblCarNo	label	Text	车牌:
txtCarNo	TextBox	Size	121，64
pbCar	PictureBox	Size	260，193
		SizeMode	StretchImage
lbZt	Label	Text	已拍照
btnOK	Button	Text	确定
		Size	80，25

界面完成后，效果如图4-5所示。

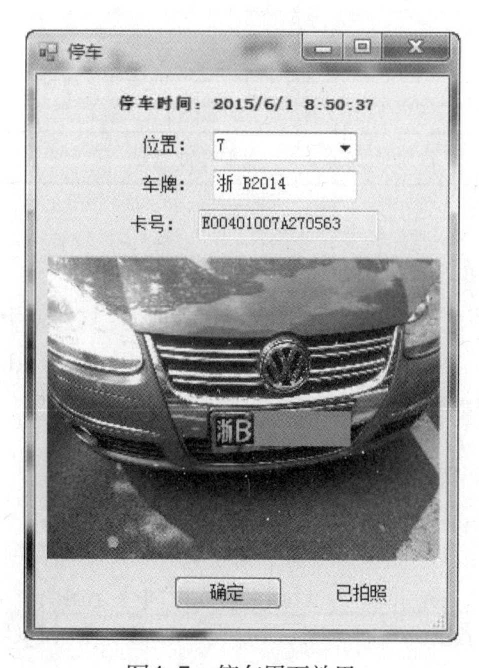

图4-5　停车界面效果

4. 数据库设计

在项目文件所在位置的“\bin\Debug”目录中，新建数据库文件“park. mdb”。根据项目具体需求，完成数据库设计，需要两个表，分别为park（停车）表及record（记录）表，表结构设计分别见表4-2和表4-3。

表4-2　park表字段名称及属性设置

字段名称	数据类型	字段描述
ID	自动编号	主键，标识位，自动编号
Position	短文本	位置
cardID	短文本	卡号
parkTime	日期/时间	停车时间
carPicture	短文本	照片
carNo	短文本	车牌

表4-3　record表字段名称及属性设置

字段名称	数据类型	字段描述
ID	自动编号	主键，标识位，自动编号
Position	短文本	位置
cardID	短文本	卡号
Cost	数字	费用
carNo	短文本	车牌
parkTime	日期/时间	停车时间
takeTime	日期/时间	取车时间

5. 代码编写

在Park窗体的代码界面中编写以下代码：

1）添加数据库连接字符串，并新建数据库连接对象，代码如下：

```
string strConnection = "Provider=microsoft.jet.oledb.4.0;data source=park.mdb";
OleDbConnection objConnection;
```

2）在Park_Load代码段中，添加如下代码：

```
private void Park_Load(object sender, EventArgs e)
{
string sql="select * from [park] where 停车时间<> null";
OleDbCommand chaxun = new OleDbCommand(sql, objConnection);
OleDbDataReader reader = chaxun.ExecuteReader();
while (reader.Read())
    {
        int index=Convert.ToInt32(reader["位置"]) + 1;
        cbPosition.Items.Remove(index.ToString());
    }
}
```

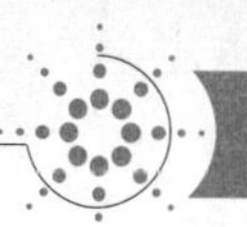

3）添加下拉菜单cbPosition的SelectedIndexChanged事件，并添加如下代码：

```
private void cbPosition_SelectedIndexChanged(object sender, EventArgse)
{
lbzt.Visible = false;
FormMain.ctrlrfid.RFID.ReadTag(0xFFFF, byte. Parse
(cbPosition.Text), BizIdeal.Data.BIRfidReadMode.Manual15693);
Thread.Sleep(1000);
txtNumber.Text = FormMain.tagID;

//截图
SaveFileDialog SaveFileDialog1 = new SaveFileDialog();
SendMessage(this.hHwnd, 0x41e, 0, 0);
IDataObject obj1 = Clipboard.GetDataObject();
if (obj1.GetDataPresent(typeof(Bitmap)))
{
    Image image1 = (Image)obj1.GetData(typeof(Bitmap));
    SaveFileDialog1.FileName = cbPosition.Text + DateTime.Now.
    ToString("yyyyMMddhhmmss") + ".jpg";
    image1.Save(SaveFileDialog1.FileName, ImageFormat.Jpeg);

    //将图片路径记录到数据库中
    string sql = "update park set 照片='" + SaveFileDialog1.FileName + "' where 位置='"
    + cbPosition.Text + " ' ";
    OleDbCommand bloodTake = new OleDbCommand(sql, objConnection);
    bloodTake.ExecuteNonQuery();
    lbzt.Visible = true;
}
}
```

4）双击“确定”按钮，添加按钮事件，代码如下：

```
private void btnOK_Click(object sender, EventArgs e)
{
if (txtNumber.Text != "")
{
//注销摄像头
    string sql = "update park set 停车时间=now(), 车牌='"+txtCarNo.Text+"', 卡号='"+txtNumber.
    Text+"' where 位置='" + cbPosition.Text + "'";
    OleDbCommand bloodTake = new OleDbCommand(sql, objConnection);
    bloodTake.ExecuteNonQuery();
    DateTime now = new DateTime();
    now = DateTime.Now;
    sql = "insert into Record (位置, 车牌, 卡号, 费用, 停车时间) values('" + cbPosition.Text + "','" +
    txtCarNo.Text + "','" + txtNumber.Text + "',0,'" + now + "')";
    OleDbCommand bloodMark = new OleDbCommand(sql, objConnection);
```

```
bloodMark. ExecuteNonQuery();
}
this. Close();
}
```

5）增加摄像头代码部分：

```
private int hHwnd;
[DllImport("avicap32. dll", CharSet = CharSet. Ansi, SetLastError = true, ExactSpelling = true)]
public static extern int capCreateCaptureWindowA([MarshalAs(UnmanagedType. VBByRefStr)] refstring lpszWindowName, int dwStyle, int x, int y, int nWidth, int nHeight, int hWndParent, int nID);
[DllImport("user32", CharSet = CharSet. Ansi, SetLastError = true, ExactSpelling = true)]
public static extern bool DestroyWindow(int hndw);
[DllImport("user32", EntryPoint = "SendMessageA", CharSet = CharSet. Ansi, SetLastError = true, ExactSpelling = true)]
private void OpenCapture()
{
int intWidth = this. pbCar. Width;
int intHeight = this. pbCar. Height;
int intDevice = 0;
string refDevice = intDevice. ToString();
//创建视频窗口得到句柄
    hHwnd = capCreateCaptureWindowA(ref  refDevice, 1342177280, 0, 0, int Width, int Height, this. pbCar. Handle. ToInt32(), 0);
if (SendMessage(hHwnd, 0x40a, intDevice, 0) > 0)
  {
       SendMessage(this. hHwnd, 0x435, -1, 0);
       SendMessage(this. hHwnd, 0x434, 0x42, 0);
       SendMessage(this. hHwnd, 0x432, -1, 0);
  }
else
  {
       DestroyWindow(this. hHwnd);
  }
}
```

代码分析

1）SaveFileDialog SaveFileDialog1 = new SaveFileDialog();

//新建保存文件的对话框。

2）IDataObject obj1 = Clipboard.GetDataObject();

//获取当前位于系统剪贴板中的数据。

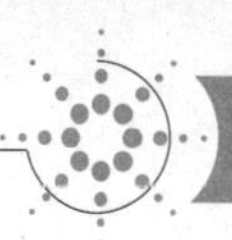

3）obj1.GetDataPresent(typeof(Bitmap)；

//把当前摄像头内的影像保存到剪贴板中。

4）Image image1 = (Image)obj1.GetData(typeof(Bitmap));

//新建图像对象，把剪贴板中的数据以图像的形式保存。

5）SaveFileDialog1.FileName = cbPosition.Text + DateTime.Now.
ToString(“yyyyMMddhhmmss”) + “.jpg”；

image1.Save(SaveFileDialog1.FileName, ImageFormat.jpeg);

以年、月、日、时、分、秒作为文件名，保存JPG文件至bin文件夹下。

知识链接

C#文件操作大全

1. 文件与文件夹操作主要使用的类

（1）File类

提供用于创建、复制、删除、移动和打开文件的静态方法，并协助创建FileStream 对象。

（2）FileInfo类

提供创建、复制、删除、移动和打开文件的实例方法，并且帮助创建FileStream 对象。

（3）Directory类

公开用于创建、移动和枚举目录及子目录的静态方法。

（4）DirectoryInfo类

公开用于创建、移动和枚举目录及子目录的实例方法。

注：以下出现的dirPath表示文件夹路径，filePath表示文件路径。

2. 具体操作方法

（1）创建文件夹

Directory.CreateDirectory(@”D:\TestDir”);

（2）创建文件

创建文件会出现文件被访问，以至于无法删除和编辑。建议用using：

using (File.Create(@”D:\TestDir\TestFile.txt”));

（3）删除文件

删除文件时，最好先判断该文件是否存在：

if (File.Exists(filePath))

{

```
File.Delete(filePath);
}
```

（4）删除文件夹

删除文件夹需要对异常进行处理，可捕获指定的异常：

msdn:http://msdn.microsoft.com/zh-cn/library/62t64db3(v=VS.80).aspx

```
Directory.Delete(dirPath); //删除空目录，否则需捕获指定的异常
Directory.Delete(dirPath, true);//删除该目录以及其所有内容
```

（5）删除指定目录下所有的文件和文件夹

一般有两种方法：①删除目录后，创建空目录；②找出下层文件和文件夹路径，迭代删除。

```
/// <summary>
/// 删除指定目录下的所有内容：方法①删除目录，再创建空目录
/// </summary>
/// <param name="dirPath"></param>
public static void DeleteDirectoryContentEx(string dirPath)
{
    if (Directory.Exists(dirPath))
    {
        Directory.Delete(dirPath);
        Directory.CreateDirectory(dirPath);
    }
}
/// <summary>
/// 删除指定目录下的所有内容：方法②找出下层文件和文件夹路径，迭代删除
/// </summary>
/// <param name="dirPath"></param>
public static void DeleteDirectoryContent(string dirPath)
{
    if (Directory.Exists(dirPath))
    {
        foreach (string content in Directory.
GetFileSystemEntries(dirPath))
        {
            if (Directory.Exists(content))
            {
                Directory.Delete(content, true);
```

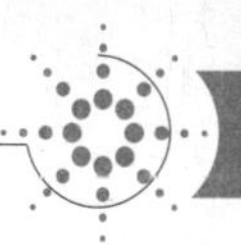

```
            }
        }
    }
}
```

(6)读取文件

读取文件的方法很多，File类已经封装了4种：

1）直接使用File类。

① public static string ReadAllText(string path);。

② public static string[] ReadAllLines(string path);。

③ public static IEnumerable<string> ReadLines(string path);。

④ public static byte[] ReadAllBytes(string path);。

以上获得的内容是一样的，只是返回类型不同而已，根据需要调用即可。

2）利用流读取文件。

分别有StreamReader和FileStream，详细内容请看代码。

```
//ReadAllLines
Console.WriteLine("--{0}", "ReadAllLines");
List<string> list = new List<string>(File.ReadAllLines(filePath));
list.ForEach(str =>
{
Console.WriteLine(str);
});
//ReadAllText
Console.WriteLine("--{0}", "ReadAllLines");
string fileContent = File.ReadAllText(filePath);
Console.WriteLine(fileContent);
//StreamReader
Console.WriteLine("--{0}", "StreamReader");
using (StreamReader sr = new StreamReader(filePath))
{
//方法①从流的当前位置到末尾读取流
fileContent = string.Empty;
fileContent = sr.ReadToEnd();
Console.WriteLine(fileContent);
//方法②一行行读取直至为null
fileContent = string.Empty;
string strLine = string.Empty;
while (strLine != null)
{
strLine = sr.ReadLine();
fileContent += strLine+"\r\n";
```

```
}
Console.WriteLine(fileContent);
}
```

（7）写入文件

写文件内容与读取文件类似，请参考读取文件说明。

```
//WriteAllLines
File.WriteAllLines(filePath, new string[] {"11111", "22222", "3333"});
File.Delete(filePath);
//WriteAllText
File.WriteAllText(filePath, "11111\r\n22222\r\n3333\r\n");
File.Delete(filePath);
//StreamWriter
using (StreamWriter sw = new StreamWriter(filePath))
{
sw.Write("11111\r\n22222\r\n3333\r\n");
sw.Flush();
}
```

（8）文件路径

文件和文件夹的路径操作都在Path类中。另外，还可以用Environment类，里面包含环境和程序的信息。

```
string dirPath = @"D:\TestDir";
string filePath = @"D:\TestDir\TestFile.txt";
Console.WriteLine("<<<<<<<<<<<{0}>>>>>>>>>>", "文件路径");
//获得当前路径
Console.WriteLine(Environment.CurrentDirectory);
//文件或文件夹所在目录
Console.WriteLine(Path.GetDirectoryName(filePath));     //D:\TestDir
Console.WriteLine(Path.GetDirectoryName(dirPath));      //D:\
//文件扩展名
Console.WriteLine(Path.GetExtension(filePath));         //.txt
//文件名
Console.WriteLine(Path.GetFileName(filePath));          //TestFile.txt
Console.WriteLine(Path.GetFileName(dirPath));           //TestDir
Console.WriteLine(Path.GetFileNameWithoutExtension(filePath)); //TestFile
//绝对路径
Console.WriteLine(Path.GetFullPath(filePath));      //D:\TestDir\TestFile.txt
Console.WriteLine(Path.GetFullPath(dirPath));           //D:\TestDir
//更改扩展名
Console.WriteLine(Path.ChangeExtension(filePath, ".jpg"));//D:\TestDir\
```

```
TestFile. jpg
//根目录
Console. WriteLine(Path. GetPathRoot(dirPath));              //D:\
//生成路径
Console. WriteLine(Path. Combine(new string[] { @"D:\", "BaseDir",
"SubDir", "TestFile. txt" })); //D:\BaseDir\SubDir\TestFile. txt
//生成随即文件夹名或文件名
Console. WriteLine(Path. GetRandomFileName());
//创建磁盘上唯一命名的零字节的临时文件并返回该文件的完整路径
Console. WriteLine(Path. GetTempFileName());//返回当前系统的临时文件夹的路径
Console. WriteLine(Path. GetTempPath());//返回文件名中的无效字符
Console. WriteLine(Path. GetInvalidFileNameChars());//返回路径中的无效字符
Console. WriteLine(Path. GetInvalidPathChars());
```

完成车位情况管理模块

任务分析

智能停车场系统车位情况模块能对停车场内的车辆进行自动化管理，包括车辆身份判断、车牌识别、车位引导、图像显示、车型校对、时间计算等系列、科学、有效的操作。这些功能能有效地提高停车场内车辆的安全性和有序性。

模拟停车场监控各停车位状况的过程，根据需求，应具备以下几个功能：

1）能实时监测当前停车位的状态：已停、空位或停错位置。

2）能在列表中显示停车时拍摄的照片，便于管理。

3）当车辆进入停车位或离开停车位时，实时更新车位状态。

任务实施

1. 程序界面设计

新建窗体，新建Windows窗体Form1，重命名为FormMain，Text属性设置为“智能停车系统”，Size属性为“1050，600”。

添加“智能停车系统”部分的控件，具体见表4-4。

表4-4 “智能停车系统”控件列表及属性

对象名称	对象类型	属性	值
FormMain	Form	Text	智能停车系统
		Size	1050，600
gbCars	GroupBox	Text	车位情况
pbCar1	PictureBox	SizeMode	StretchImage
		Image	SmartPaking. Properties. Resources. nocar
		Size	190，100
lbCar1	Label	Text	编号1：空闲车位
pbCar2	PictureBox	SizeMode	StretchImage
		Image	SmartPaking. Properties. Resources. nocar
		Size	190，100
lbCar2	Label	Text	编号2：空闲车位
pbCar3	PictureBox	SizeMode	StretchImage
		Image	SmartPaking. Properties. Resources. nocar
		Size	190，100
lbCar3	Label	Text	编号3：空闲车位
pbCar4	PictureBox	SizeMode	StretchImage
		Image	SmartPaking. Properties. Resources. nocar
		Size	190，100
lbCar4	Label	Text	编号4：空闲车位
pbCar5	PictureBox	SizeMode	StretchImage
		Image	SmartPaking. Properties. Resources. nocar
		Size	190，100
lbCar5	Label	Text	编号5：空闲车位
pbCar6	PictureBox	SizeMode	StretchImage
		Image	SmartPaking. Properties. Resources. nocar
		Size	190，100
lbCar6	Label	Text	编号6：空闲车位

（续）

对象名称	对象类型	属性	值
pbCar7	PictureBox	SizeMode	StretchImage
		Image	SmartPaking. Properties. Resources. nocar
		Size	190，100
lbCar7	Label	Text	编号7：空闲车位
pbCar8	PictureBox	SizeMode	StretchImage
		Image	SmartPaking. Properties. Resources. nocar
		Size	190，100
lbCar8	Label	Text	编号8：空闲车位
pbCar9	PictureBox	SizeMode	StretchImage
		Image	SmartPaking. Properties. Resources. nocar
		Size	190，100
lbCar9	Label	Text	编号9：空闲车位
pbCar10	PictureBox	SizeMode	StretchImage
		Image	SmartPaking. Properties. Resources. nocar
		Size	190，100
lbCar10	Label	Text	编号10：空闲车位
pbCar11	PictureBox	SizeMode	StretchImage
		Image	SmartPaking. Properties. Resources. nocar
		Size	190，100
lbCar11	Label	Text	编号11：空闲车位
pbCar12	PictureBox	SizeMode	StretchImage
		Image	SmartPaking. Properties. Resources. nocar
		Size	190，100
lbCar12	Label	Text	编号12：空闲车位
btnPark	Button	Text	停车
		Size	100，30
btnTake	Button	Text	取车
		Size	100，30

（续）

对象名称	对象类型	属　性	值
btnSee	Button	Text	查看记录
		Size	100，30
btnBilling	Button	Text	计费方式
		Size	100，30
btnExit	Button	Text	退出系统
		Size	100，30

界面完成后，效果如图4-6所示。

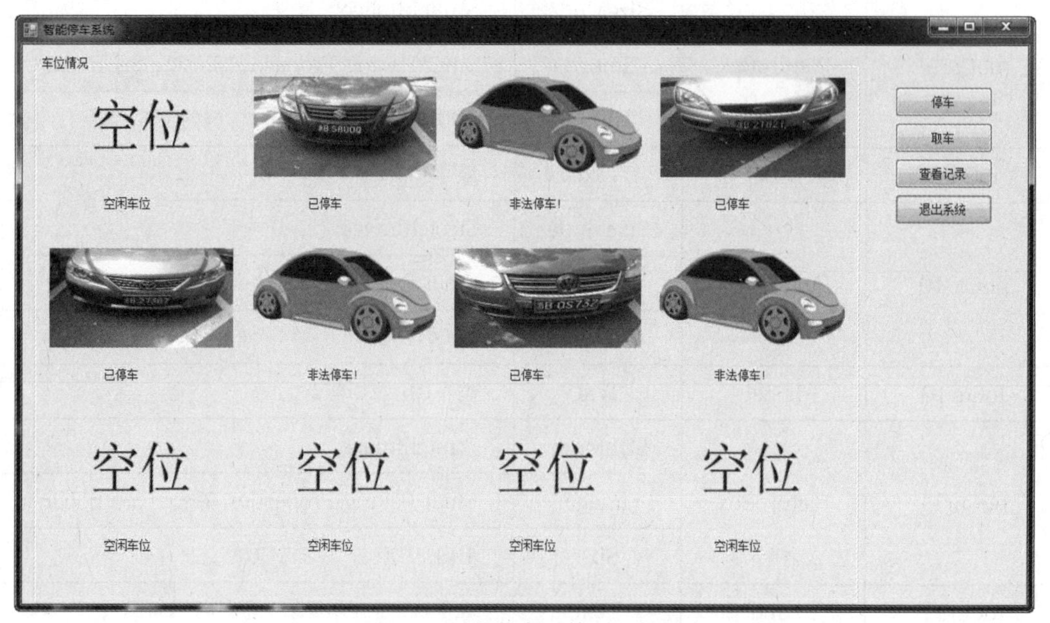

图4-6　智能停车系统界面效果

2. 代码编写

在FormMain窗体的代码界面中编写以下代码。

1）添加FormMain主程序，代码如下：

```
public FormMain()
{
    InitializeComponent();
    objConnection = new OleDbConnection(strConnection);
    objConnection.Open();
    ctrlrfid = new BIControllerManager(new BIRFIDProtocol());
    ctrlrfid.PacketReceived += ctrlrfid_PacketReceived;
```

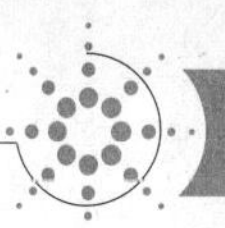

```
        ctrlrfid.OpenPort(systemPort, 9600, Parity.Even, 8, StopBits.One);
        ctrlrfid.StartReceiver();
        backgroundWorker1.RunWorkerAsync();
}
```

2）添加ctrlrfid_PacketReceived事件，代码如下：

```
void ctrlrfid_PacketReceived(object sender, BIPacketReceivedEventArgs e)
{
this.BeginInvoke(new Action(() =>
{
BIRfidUpgoingPacket packet = BIRfidUpgoingPacket.ParseFromBinary(e.BinaryData);
channel = packet.AntennaChannel.ToString();
if (packet.TagID != null)
                {
                    tagID = packet.TagID.ToString();
                    result = packet.TagCardState.ToString();
OleDbCommand chaxun = new OleDbCommand("select * from [park] where 位置
='"+channel+"'", objConnection);
OleDbDataReader reader = chaxun.ExecuteReader();
                    reader.Read();
switch (channel)
{
case"0":
        if (reader["照片"].ToString() != "")
        pbCar1.Image = Image.FromFile(reader["照片"].ToString());
        if (reader["停车时间"].ToString() != "")
        lbCar1.Text = "已停车";
else
{
        lbCar1.Text = "非法停车";
        pbCar1.Image = SmartPaking.Properties.Resources.car;
}
break;

case"1":
if (reader["照片"].ToString() != "")
        pbCar2.Image = Image.FromFile(reader["照片"].ToString());
        if (reader["停车时间"].ToString() != "")
        lbCar2.Text = "已停车";
else
    {
        lbCar2.Text = "非法停车";
        pbCar2.Image = SmartPaking.Properties.Resources.car;
```

```
}
break;

case"2":
if (reader["照片"].ToString() != "")
pbCar3.Image = Image.FromFile(reader["照片"].ToString());
if (reader["停车时间"].ToString() != "")
lbCar3.Text = "已停车";
else
{
        lbCar3.Text = "非法停车";
        pbCar3.Image = SmartPaking.Properties.Resources.car;
}
break;

case"3":
if (reader["照片"].ToString() != "")
pbCar4.Image = Image.FromFile(reader["照片"].ToString());
if (reader["停车时间"].ToString() != "")
lbCar4.Text = "已停车";
else
{
       lbCar4.Text ="非法停车";
       pbCar4.Image = SmartPaking.Properties.Resources.car;
}
break;

case"4":
if (reader["照片"].ToString() != "")
pbCar5.Image = Image.FromFile(reader["照片"].ToString());
if (reader["停车时间"].ToString() != "")
lbCar5.Text = "已停车";
else
{
       lbCar5.Text = "非法停车";
       pbCar5.Image = SmartPaking.Properties.Resources.car;
                              }
break;

case"5":
if (reader["照片"].ToString() != "")
pbCar6.Image = Image.FromFile(reader["照片"].ToString());
if (reader["停车时间"].ToString() != "")
```

```
lbCar6.Text = "已停车";
else
      {
      lbCar6.Text = "非法停车";
      pbCar6.Image = SmartPaking.Properties.Resources.car;
      }
break;

case"6":
if (reader["照片"].ToString() != "")
pbCar7.Image = Image.FromFile(reader["照片"].ToString());
if (reader["停车时间"].ToString() != "")
lbCar7.Text = "已停车";
else
   {
    lbCar7.Text = "非法停车";
    pbCar7.Image = SmartPaking.Properties.Resources.car;
   }
break;

case"7":
if (reader["照片"].ToString() != "")
      pbCar8.Image = Image.FromFile(reader["照片"].ToString());
if (reader["停车时间"].ToString() != "")
       lbCar8.Text = "已停车";
else
     {
       lbCar8.Text = "非法停车";
       pbCar8.Image = SmartPaking.Properties.Resources.car;
     }
break;

case"8":
if (reader["照片"].ToString() != "")
      pbCar9.Image = Image.FromFile(reader["照片"].ToString());
      if (reader["停车时间"].ToString() != "")
      lbCar9.Text = "已停车";
else
     {
       lbCar9.Text = "非法停车";
       pbCar9.Image = SmartPaking.Properties.Resources.car;
     }
break;
```

```
case"9":
if (reader["照片"].ToString() != "")
      pbCar10.Image = Image.FromFile(reader["照片"].ToString());
      if (reader["停车时间"].ToString() !="")
      lbCar10.Text = "已停车";
else
      {
       lbCar10.Text = "非法停车";
       pbCar10.Image = SmartPaking.Properties.Resources.car;
       }
break;

case"10":
if (reader["照片"].ToString() != "")
       pbCar11.Image = Image.FromFile(reader["照片"].ToString());
       if (reader["停车时间"].ToString() != "")
       lbCar11.Text = "已停车";
else
   {
       lbCar11.Text = "非法停车";
       pbCar11.Image = SmartPaking.Properties.Resources.car;
}
break;

case"11":
if (reader["照片"].ToString() != "")
      pbCar12.Image = Image.FromFile(reader["照片"].ToString());
if (reader["停车时间"].ToString() != "")
      lbCar12.Text = "已停车";
else
      {
          lbCar12.Text = "非法停车";
          pbCar12.Image = SmartPaking.Properties.Resources.car;
      }
break;
    }
}

else
      {
switch (channel)
{
```

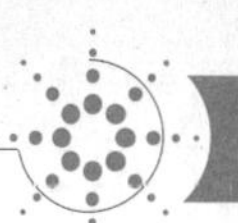


```
case"0":
        pbCar1.Image = SmartPaking.Properties.Resources.nocar;
        lbCar1.Text = "空闲车位";
break;

case"1":
        pbCar2.Image = SmartPaking.Properties.Resources.nocar;
        lbCar2.Text = "空闲车位";
break;

case"2":
        pbCar3.Image = SmartPaking.Properties.Resources.nocar;
        lbCar3.Text = "空闲车位";
break;

case"3":
        pbCar4.Image = SmartPaking.Properties.Resources.nocar;
        lbCar4.Text = "空闲车位";
break;

case"4":
        pbCar5.Image = SmartPaking.Properties.Resources.nocar;
        lbCar5.Text = "空闲车位";
break;

case"5":
        pbCar6.Image = SmartPaking.Properties.Resources.nocar;
        lbCar6.Text = "空闲车位";
break;

case"6":
        pbCar7.Image = SmartPaking.Properties.Resources.nocar;
        lbCar7.Text = "空闲车位";
break;

case"7":
        pbCar8.Image = SmartPaking.Properties.Resources.nocar;
        lbCar8.Text = "空闲车位";
break;

case"8":
        pbCar9.Image = SmartPaking.Properties.Resources.nocar;
        lbCar9.Text = "空闲车位";
```

```
break;

case"9":
        pbCar10.Image = SmartPaking.Properties.Resources.nocar;
        lbCar10.Text = "空闲车位";
break;

case"10":
        pbCar11.Image = SmartPaking.Properties.Resources.nocar;
        lbCar11.Text = "空闲车位";
break;

case"11":
        pbCar12.Image = SmartPaking.Properties.Resources.nocar;
        lbCar12.Text = "空闲车位";
break;
            }
}
   }), null);
}
```

3）添加backgroundWorker1的DoWork事件，代码如下：

```
private void backgroundWorker1_DoWork(object sender, DoWorkEventArgs e)
{
while (true)
 {
for (byte i = 0; i < 12; i++)
     {
        ctrlrfid.RFID.ReadTag(0xFFFF, i, BIRfidReadMode.Manual15693);
        Thread.Sleep(1000);
     }
 }
}
```

注：窗体开启及关闭事件代码略。

知识链接

图片框控件（PictureBox）的常用属性及基本加载方法

1. 常用属性

1）BorderStyle：emun型，none表示无边框、FixedSingle表示单线边框、Fixed3D表示立体边框。

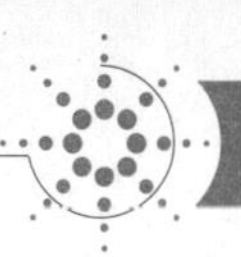

2）Image：在PictureBox上显示的图片可在程序运行时用Image.FromFile函数加载。

3）SizeMode：emun型，表示图片大小的显示模式，Normal表示图像被置于空间左上角，如果图片比图片控件大，则图像将被剪切。

4）AutoSize：自动调整图片框大小，使其等于所包含的图像大小。CenterImage表示如果图片框比图片大，则居中显示；如果图片比图片框大，则剪切边沿。StretchIamge表示将图片框中的图像拉伸或收缩，以适合图片框的大小。zoom表示图像大小按其原有的大小比例缩放。

2. 基本加载方法

方法1：在页面上隐藏几个需要改变页面上图片的PictureBox，如下面的picFrom。

在需要改变图片的方法处先定义：

```
System.Resources.ResourceManager resources = new
System.Resources.ResourceManager(typeof(Form1));
```

然后就可以改变了（如picTo的图片要变成picFrom的图片）：

```
this.picTo.Image= (System.Drawing.Image)(resources.GetObject("picFrom.
Image")));
```

方法2：使用 FileStream 对象，如下代码所示：

```
Dim fs As System.IO.FileStream
fs = New System.IO.FileStream("C:/WINNT/Web/Wallpaper/Fly Away.
jpg", IO.FileMode.Open, IO.FileAccess.Read)
PictureBox1.Image = System.Drawing.Image.FromStream(fs)
fs.Close()
```

方法3：使用 Image.FromFile 方法在 PictureBox 控件中加载图片，代码如下，该图片文件将在用户启动应用程序时锁定。在应用程序运行时，图片文件保持锁定，即使在运行时将 Image 属性设置为 Nothing，图片文件也仍将锁定。

```
PictureBox1.Image = Image.FromFile("C:/WINNT/Web/Wallpaper/Fly Away.jpg")
```

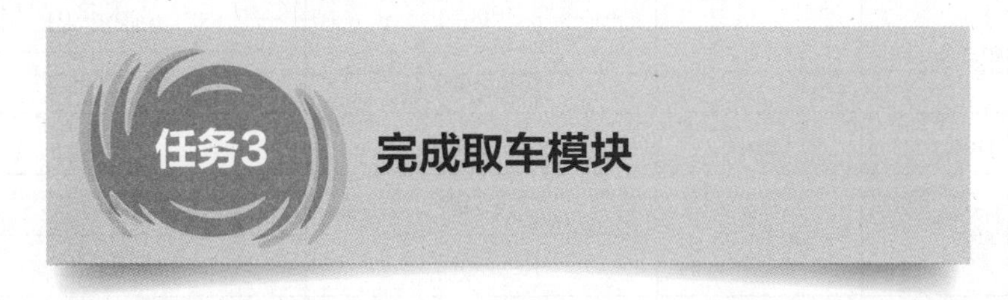

任务3 完成取车模块

任务分析

当车主要取车离开停车场时，系统应能实现自动取车以及自动结算功能，根据取车时的刷卡情况，自动计算停车费用。

模拟停车场完成停车交费的过程，根据项目需求，应具备以下几个功能：

1）取车刷卡时能获取车牌号和卡号。

2）取车刷卡时能获取停车时拍的照片。

3）取车刷卡时能自动计算停车总时长及总费用。

停车费的计算方式为：

30min以内　　0元

2h以内　　5元

2h以上　　5元+4元/h

不足1h按1h计算

任务实施

1. 程序界面设计

1）新建窗体，新建Windows窗体Form1，重命名为Take，Text属性设置为“取车”，Size属性为“300, 469”。

2）添加“取车”部分的控件，具体见表4-5。

表4-5 “取车”控件列表及属性

对象名称	对象类型	属性	值
Take	Form	Text	取车
		Size	300，469
lblPosition	Label	Text	位置：
cbPosition	ComboBox	Size	100，20
lblCarNo	Label	Text	车牌：
txtCarNo	TextBox	Size	100，21
lblNumber	Label	Text	卡号：
txtNumber	TextBox	Size	122，21
		ReadOnly	True
lblPrice	Label	Text	金额：
txtPrice	TextBox	Size	100，21
		ReadOnly	True
btnOK	Button	Text	确定
		Size	80，25

界面完成后，效果如图4-7所示。

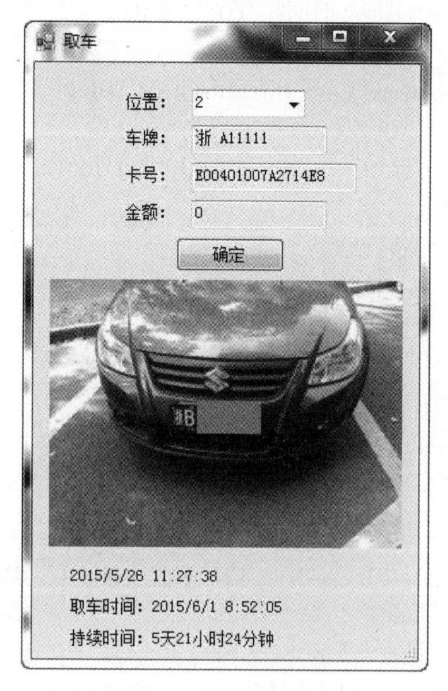

图4-7 取车界面效果

2. 代码编写

1）在Take窗体的代码界面中添加Take_Load程序，代码如下：

```
private void Take_Load(object sender, EventArgs e)
{
OleDbCommand chaxun = new OleDbCommand("select * from [park] where 停车时间 is not null", objConnection);
OleDbDataReader reader = chaxun.ExecuteReader();
while (reader.Read())
{
    cbPosition.Items.Add((Convert.ToInt32(reader["位置"]) + 1).ToString());
}
}
```

2）添加下拉列表事件，代码如下：

```
private void cbPosition_SelectedIndexChanged(object sender, EventArgs e)
{
OleDbCommand chaxun = new OleDbCommand("select * from [park] where 位置='"
+ (Convert.ToInt32(cbPosition.Text) - 1).ToString() + "'", objConnection);
OleDbDataReader reader = chaxun.ExecuteReader();
reader.Read();
if (reader["照片"].ToString() != "")
    pbCar.Image = Image.FromFile(reader["照片"].ToString());
    txtNumber.Text = reader["卡号"].ToString();
   txtCarNo.Text = reader["车牌"].ToString();
```

```
//取出停车时间
      ParkingTime = reader["停车时间"].ToString();
      {
   OleDbCommand sql1 = new OleDbCommand("select 停车时间 from park where 位置='" + cbPosition.Text + "'", objConnection);
   OleDbDataReader readerTime = sql1.ExecuteReader();
        readerTime.Read();
   lbParkTime.Text = ParkingTime;
   timer1.Enabled = true;
        }
   }
```

3）添加Timer事件，代码如下：

```
private void timer1_Tick(object sender, EventArgs e)
{
     lbTakeTime.Text = "取车时间：" + DateTime.Now.ToString();
     TimeSpan ts = DateTime.Now - Convert.ToDateTime(ParkingTime);
     ParkingHour = ts.Hours + 1;
     ParkingHour += ts.Days * 24;

if (ParkingHour > 2)
{
      txtPrice.Text = (UnitPrice * ParkingHour).ToString();
}
elseif ((ParkingHour == 2 && ts.Minutes == 0) || (ParkingHour < 2))
{
         txtPrice.Text = "5";
    }
    elseif (ParkingHour < 2)
    {
         txtPrice.Text = "0";
     }

lbLastTime.Text = "持续时间：" + ts.Days.ToString() + "天" + ts.Hours.ToString() + "小时" + ts.Minutes.ToString() + "分钟";
}
```

4）添加按钮事件，代码如下：

```
private void btnOK_Click(object sender, EventArgs e)
{
if (cbPosition.Text != "")
{
//清空当前车位的所有信息
string sql = "update park set 车牌='',停车时间? = null ,照片 = null , 卡号 = null where 位置='" + (Convert.ToInt32(cbPosition.Text) - 1).ToString() + "'";
```

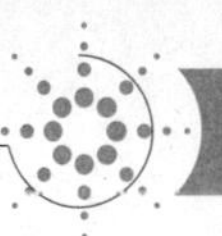

```
OleDbCommand bloodTake = new OleDbCommand(sql, objConnection);
bloodTake.ExecuteNonQuery();

//更新停车记录
sql = "update Record set 取车时间=now(),费用=" + int.Parse(txtPrice.Text) + "where 停车时间=#" + ParkingTime + "#";
OleDbCommand bloodMark = new OleDbCommand(sql, objConnection);
bloodMark.ExecuteNonQuery();
this.Close();
}
else
MessageBox.Show("请选择车位");
}
```

代码分析

```
TimeSpan ts = DateTime.Now - Convert.ToDateTime(ParkingTime);
//计算当前时间与停车时间的时间间隔，用以计算停车费。
```

知识链接

C#中DateTime的各种使用

获得当前系统时间的实现代码：DateTime dt = DateTime.Now;，Environment.TickCount可以得到“系统启动到现在”的毫秒值。

```
DateTime now = DateTime.Now;
Console.WriteLine(now.ToString("yyyy-MM-dd"));    //按yyyy-MM-dd的格式输出时间
Console.WriteLine(dt.ToString());    //26/11/2009AM11:21:30
Console.WriteLine(dt.ToLocalTime().ToString());    //26/11/2009AM11:21:30
Console.WriteLine(dt.ToLongDateString().ToString());    //2009年11月26日
Console.WriteLine(dt.ToLongTimeString().ToString());    //AM11:21:30
Console.WriteLine(dt.ToOADate().ToString());    //40143.4732731597
Console.WriteLine(dt.ToShortDateString().ToString());    //26/11/2009
Console.WriteLine(dt.ToShortTimeString().ToString());    //AM11:21
Console.WriteLine(dt.ToUniversalTime().ToString());
//26/11/2009AM3:21:30
Console.WriteLine(dt.Year.ToString());    //2009
Console.WriteLine(dt.Date.ToString());    //26/11/2009AM12:00:00
Console.WriteLine(dt.DayOfWeek.ToString());    //Thursday
Console.WriteLine(dt.DayOfYear.ToString());    //330
Console.WriteLine(dt.Hour.ToString());    //11
Console.WriteLine(dt.Millisecond.ToString());    //801（ms）
Console.WriteLine(dt.Minute.ToString());    //21
```

```
Console. WriteLine (dt. Month. ToString ()); //11
Console. WriteLine (dt. Second. ToString ()); //30
Console. WriteLine (dt. Ticks. ToString ()); //633948312908014024

Console. WriteLine (dt. ToString ()); //26/11/2009PM12:29:51
Console. WriteLine (dt. AddYears (1). ToString ()); //26/11/2010PM12:29:51
Console. WriteLine (dt. AddDays (1. 1). ToString ()); //27/11/2009PM2:53:51
Console. WriteLine (dt. AddHours (1. 1). ToString ()); //26/11/2009PM1:35:51
Console. WriteLine (dt. AddMilliseconds (1. 1). ToString ());
//26/11/2009PM12:29:51
Console. WriteLine (dt. AddMonths (1). ToString ()); //26/12/2009PM12:29:51
Console. WriteLine (dt. AddSeconds (1. 1). ToString ()); //26/11/2009PM12:29:52
Console. WriteLine (dt. AddMinutes (1. 1). ToString ()); //26/11/2009PM12:30:57
Console. WriteLine (dt. AddTicks (1000). ToString ()); //26/11/2009PM12:29:51
Console. WriteLine (dt. CompareTo (dt). ToString ()); //0
Console. WriteLine (dt. Add (newTimeSpan (1, 0, 0, 0)). ToString ()); //加上一个时
间段
```

（注：System.TimeSpan为一个时间段，构造函数如下：

```
public TimeSpan (long ticks); // ticks: 100 ns
new TimeSpan (10, 000, 000)
public TimeSpan (int hours, int minutes, int seconds);
public TimeSpan (int days, int hours, int minutes, int seconds);
public TimeSpan (int days, int hours, int minutes, int seconds, int milliseconds);
)
Console. WriteLine (dt. Equals ("2005-11-6 16:11:04"). ToString ()); //False
Console. WriteLine (dt. Equals (dt). ToString ()); //True
Console. WriteLine (dt. GetHashCode (). ToString ()); //1103291775
Console. WriteLine (dt. GetType (). ToString ()); //System. DateTime
Console. WriteLine (dt. GetTypeCode (). ToString ()); //DateTime

longStart=Environment. TickCount; //单位是ms
longEnd=Environment. TickCount;
Console. WriteLine ("Startis:"+Start);
Console. WriteLine ("Endis:"+End);
Console. WriteLine ("TheTimeis {0} ", End-Start);
Console. WriteLine (dt. GetDateTimeFormats ('s') [0]. ToString ());
//2009-11-26T13:29:06
Console. WriteLine (dt. GetDateTimeFormats ('t') [0]. ToString ()); //PM1:29
Console. WriteLine (dt. GetDateTimeFormats ('y') [0]. ToString ());
//2009年11月
Console. WriteLine (dt. GetDateTimeFormats ('D') [0]. ToString ());
//2009年11月26日
Console. WriteLine (dt. GetDateTimeFormats ('D') [1]. ToString ());
```

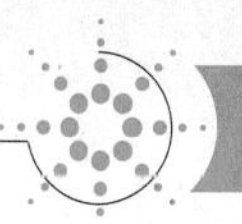

```
//星期四,26十一月,2009
Console.WriteLine(dt.GetDateTimeFormats('D')[2].ToString());
//26十一月,2009
Console.WriteLine(dt.GetDateTimeFormats('D')[3].ToString());
//星期四20091126
Console.WriteLine(dt.GetDateTimeFormats('M')[0].ToString());
//26十一月
Console.WriteLine(dt.GetDateTimeFormats('f')[0].ToString());
//2009年11月26日PM1:29
Console.WriteLine(dt.GetDateTimeFormats('g')[0].ToString());
//26/11/2009PM1:29
Console.WriteLine(dt.GetDateTimeFormats('r')[0].ToString());      //
Thu, 26Nov200913:29:06GMT
    (注：常用的日期时间格式如下。
    d为精简日期格式——MM/dd/yyyy
    D为详细日期格式——dddd, MMMM dd, yyyy
    f为完整格式——(long date + short time) dddd, MMMM dd, yyyy HH:mm
    F为完整日期时间格式——(long date + long time) dddd, MMMM dd, yyyy
HH:mm:ss
    g为一般格式——(short date + short time) MM/dd/yyyy HH:mm
    G为一般格式——(short date + long time) MM/dd/yyyy HH:mm:ss
    m,M为月日格式——MMMM dd
    s为适中日期时间格式——yyyy-MM-dd HH:mm:ss
    t为精简时间格式——HH:mm
    T为详细时间格式——HH:mm:ss
    )

Console.WriteLine(string.Format("{0:d}", dt));    //28/12/2009
Console.WriteLine(string.Format("{0:D}", dt));    //2009年12月28日
Console.WriteLine(string.Format("{0:f}", dt));    //2009年12月28日AM10:29
Console.WriteLine(string.Format("{0:F}", dt));    //2009年12月28日AM10:29:18
Console.WriteLine(string.Format("{0:g}", dt));    //28/12/2009AM10:29
Console.WriteLine(string.Format("{0:G}", dt));    //28/12/2009AM10:29:18
Console.WriteLine(string.Format("{0:M}", dt));    //28十二月
Console.WriteLine(string.Format("{0:R}", dt));    //Mon, 28Dec200910:29:18GMT
Console.WriteLine(string.Format("{0:s}", dt));    //2009-12-28T10:29:18
Console.WriteLine(string.Format("{0:t}", dt));    //AM10:29
Console.WriteLine(string.Format("{0:T}", dt));    //AM10:29:18
Console.WriteLine(string.Format("{0:u}", dt));    //2009-12-2810:29:18Z
Console.WriteLine(string.Format("{0:U}", dt));
//2009年12月28日AM2:29:18
Console.WriteLine(string.Format("{0:Y}", dt));    //2009年12月
```

```
Console.WriteLine(string.Format("{0}", dt));    //28/12/2009AM10:29:18
Console.WriteLine(string.Format("{0:yyyyMMddHHmmssffff}", dt));
//200912281029182047

    计算两个日期之间的天数差：
    DateTime dt1 = Convert.ToDateTime("2007-8-1");
    DateTime dt2 = Convert.ToDateTime("2007-8-15");
    TimeSpan span = dt2.Subtract(dt1);
    int dayDiff = span.Days ;

    计算某年某月的天数：
    int days = DateTime.DaysInMonth(2009, 8);
    days = 31;

    给日期增加一天或减少一天：
    DateTime dt =DateTime.Now;
    dt.AddDays(1);      //增加一天，dt本身并不改变
    dt.AddDays(-1);     //减少一天，dt本身并不改变
```

任务分析

考虑到安全及管理需求，智能停车场系统应该能够提供停车记录查询的功能，考虑到用户体验，系统应该能够以多种形式进行查询。

模拟停车场完成停车记录查询的功能，根据项目需求，应具备以下几个功能：

1）能显示历史停车记录。

2）能根据停车时间段进行搜索。

3）能根据取车时间段进行搜索。

任务实施

1. 程序界面设计

1）新建窗体，新建Windows窗体Form1，重命名为Data，Text属性设置为“停车记录”，Size属性为“620, 217”。

2）添加“停车记录”部分的控件，具体见表4-6。

表4-6 “停车记录”控件列表及属性

对象名称	对象类型	属性	值
Data	Form	Text	停车记录
		Size	650，350
lvData	ListView	Columns[0].Text	位置
		Columns[1].Text	车牌
		Columns[2].Text	费用
		Columns[3].Text	停车时间
		Columns[4].Text	取车时间
		Columns[5].Text	卡号
		Size	850，246
radParktime	RadioButton	Text	停车时间段
radTaketime	RadioButton	Text	取车时间段
cbYear1	ComboBox	Size	58，20
cbYear2	ComboBox	Size	58，20
cbMonth1	ComboBox	Size	45，20
cbMonth2	ComboBox	Size	45，20
cbDays1	ComboBox	Size	46，20
cbDays2	ComboBox	Size	46，20
cbHour1	ComboBox	Size	46，20
cbHour2	ComboBox	Size	46，20
lblYear1	Label	Text	年
lblMonth1	Label	Text	月
lblDays1	Label	Text	日
lblHour1	Label	Text	小时
lblYear2	Label	Text	年
lblMonth2	Label	Text	月
lblDays2	Label	Text	日
lblHour2	Label	Text	小时
lblTimeQuantum	Labell	Text	到
btnInquiry	Button	Text	查询
		Size	75，23
btnExit	Button	Text	关闭
		Size	100，30

（续）

对象名称	对象类型	属　性	值
Billing	Form	Text	计费方式
		Size	350，250
lblPosition	Label	Text	收费制度：
cbMode	ComboBox	Size	100，20
lblMoney	Label	Text	每小时价格：
numPrice	NumbericUpDown	Size	75，21
lblUnit	Label	Text	元
btnOK	Button	Text	确定
		Size	80，25
Inquiry	Form	Text	查询
		Size	660，312
lvData	ListView	Columns[0].Text	位置
		Columns[1].Text	车牌
		Columns[2].Text	费用
		Columns[3].Text	停车时间
		Columns[4].Text	取车时间
		Columns[5].Text	卡号
		Size	850，246
btnExit	Button	Text	关闭
		Size	100，30

界面完成后，效果如图4-8所示。

图4-8　停车记录界面效果

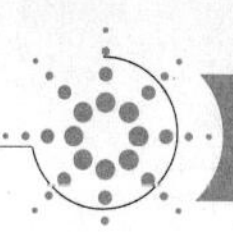

2. 代码编写

1）在Data窗体的代码界面中添加Data_Load程序，代码如下：

```
private void Data_Load(object sender, EventArgs e)
{
    lvData.Items.Clear();
OleDbCommand chaxun = new OleDbCommand("select * from [Record] order by
取车时间 desc", objConnection);
OleDbDataReader reader = chaxun.ExecuteReader();
int a = 0;
while (reader.Read())
{
        lvData.Items.Add(reader["位置"].ToString());
        lvData.Items[a].SubItems.Add(reader["车牌"].ToString());
        lvData.Items[a].SubItems.Add(reader["费用"].ToString());
        lvData.Items[a].SubItems.Add(reader["停车时间"].ToString());
        lvData.Items[a].SubItems.Add(reader["取车时间"].ToString());
        lvData.Items[a].SubItems.Add(reader["卡号"].ToString());
        a++;
}
}
```

2）添加按钮事件，代码如下：

```
private void btnInquiry_Click(object sender, EventArgs e)
{
      shijianduan1 = DateTime.Parse(cbYear1.Text + "/" + cbMonth1.Text + "/" +
cbDays1.Text + " " + cbHour1.Text + ":00:00");
      shijianduan2 = DateTime.Parse(cbYear2.Text + "/" + cbMonth2.Text + "/" +
cbDays2.Text + " " + cbHour2.Text + ":00:00");

if (radParktime.Checked == true)
 {
     chaxunfangshi = "停车";
 }
if (radTaketime.Checked == true)
{
     chaxunfangshi = "取车";
}
lVData.Items.Clear();
int i = 0;

if (Data.chaxunfangshi == "停车")
```

```
{
OleDbCommand chaxun = new OleDbCommand("select * from [Record] where 停车时间>#" + Data.shijianduan1 + "# and 停车时间<#" + Data.shijianduan2 + "#", objConnection);
OleDbDataReader reader = chaxun.ExecuteReader();
while (reader.Read())
    {
        lvData.Items.Add(reader["位置"].ToString());
        lvData.Items[i].SubItems.Add(reader["车牌"].ToString());
        lvData.Items[i].SubItems.Add(reader["费用"].ToString());
        lvData.Items[i].SubItems.Add(reader["停车时间"].ToString());
        lvData.Items[i].SubItems.Add(reader["取车时间"].ToString());
        lvData.Items[i].SubItems.Add(reader["卡号"].ToString());
        i++;
      }
    }
if (Data.chaxunfangshi == "取车")
{
OleDbCommand chaxun = new OleDbCommand("select * from [Record] where 取车时间> #" + Data.shijianduan1 + "# and 取车时间< #" + Data.shijianduan2 + "#", objConnection);
OleDbDataReader reader = chaxun.ExecuteReader();
while (reader.Read())
{
      lvData.Items.Add(reader["位置"].ToString());
      lvData.Items[i].SubItems.Add(reader["车牌"].ToString());
      lvData.Items[i].SubItems.Add(reader["费用"].ToString());
      lvData.Items[i].SubItems.Add(reader["停车时间"].ToString());
      lvData.Items[i].SubItems.Add(reader["取车时间"].ToString());
      lvData.Items[i].SubItems.Add(reader["卡号"].ToString());
      i++;
}
}
}
```

代码分析

shijianduan1 = DateTime.Parse(cbYear1.Text + “/” + cbMonth1.Text + “/” + cbDays1.Text + “ ” + cbHour1.Text + “:00:00”);，通过“年月日小时”的下拉列表,拼接成时间段的格式,用于时间段的查询。

知识链接

SQL中关于日期和时间函数的语句

1．常用日期方法(下面的GetDate() = '2015-01-08 13:37:56.233')

（1）DATENAME (datepart ,date)

返回表示指定日期的指定日期部分的字符串。

例如，SELECT DateName(day,Getdate())，返回8。

（2）DATEPART (datepart, date)

返回表示指定日期的指定日期部分的整数。

例如，SELECT DATEPART(year, Getdate())，返回2006。

（3）DATEADD (datepart, number, date)

返回给指定日期加上一个时间间隔后的新的datetime 值。

例如，SELECT DATEADD(week,1,GetDate())，返回当前日期加一周后的日期。

（4）DATEDIFF (datepart, startdate, enddate)

返回跨两个指定日期的日期边界数和时间边界数。

例如，SELECT DATEDIFF(month,'2006-10-11','2006-11-01')，返回1。

（5）DAY (date)

返回一个整数，表示指定日期的天的datepart 部分。

例如，SELECT day(GetDate())，返回8。

（6）GETDATE()

以datetime 值的SQL Server 2005 标准内部格式返回当前系统日期和时间。

例如，SELECT GetDate()，返回2006-11-08 13:37:56.233。

（7）MONTH (date)

返回表示指定日期的“月”部分的整数。

例如，SELECT MONTH(GETDATE())，返回11。

（8）YEAR (date)

返回表示指定日期的“年”部分的整数。

例如，SELECT YEAR(GETDATE())，返回2006。

2．取特定日期

（1）获得当前日期是星期几

例如，SELECT DateName(weekday,Getdate())，返回Wednesday。

（2）计算哪一天是本周的星期一

例如，SELECT DATEADD(week, DATEDIFF(week,'1900-01-01',getdate()), '1900-01-01')，返回2006-11-06 00:00:00.000。

或：SELECT DATEADD(week, DATEDIFF(week,0,getdate()),0)

（3）获得当前季度的第一天

例如，SELECT DATEADD(quarter, DATEDIFF(quarter,0,getdate()), 0)，返回2006-10-01 00:00:00.000。

（4）获取某个月的天数

例如，SELECT Day(dateadd(ms,-3,DATEADD(mm, DATEDIFF(m,0,'2006-02-03')+1,0)))，返回28。

（5）计算一个季度有多少天

```
declare @m tinyint, @time smalldatetime
select @m=month(getdate())
select @m=case when @m between 1 and 3 then 1
                  when @m between 4 and 6 then 4
                  when @m between 7  and 9 then 7
                  else 10 end
select @time=datename(year, getdate())+'-'+convert(varchar(10), @m)+'-01'
select datediff(day, @time, dateadd(mm, 3, @time))
```

返回92。

（6）获得年月日(yyyy-MM-dd)

例如，SELECT CONVERT(VARCHAR(10),GETDATE(),120)，返回2006-11-08。

拓展任务——实现停车计费方案的制订

任务分析

为了更有效地保证停车位的利用率，解决交通拥堵、停车难的问题，在实施车辆停泊管理时可以按时段进行费用调整，使得临时停车用户能更高效地流转，进而提高交通效率。

如停车时间4h内为大多数外出办事人员的停车时间上限，因此设置为5元/h；而8h为普通上班族的工作时间段，在此时间段，可将后4h的收费标准适当降低为2元/h；超出时间段，以24h内为计算标准，可以设置为1元/h，降低车主的付费成本，体现人性化。

1）创建数据库。

2）能够设置不同的计费方式。

3）能够通过不同的计费方式，自动计算停车费用。

参考界面

本拓展任务的参考界面效果如图4-9所示。

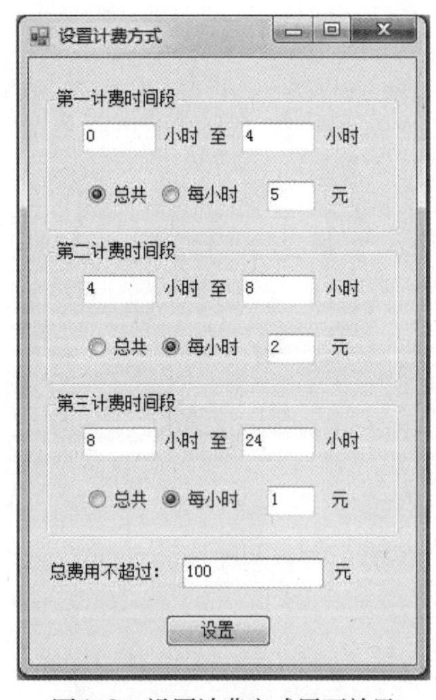

图4-9　设置计费方式界面效果

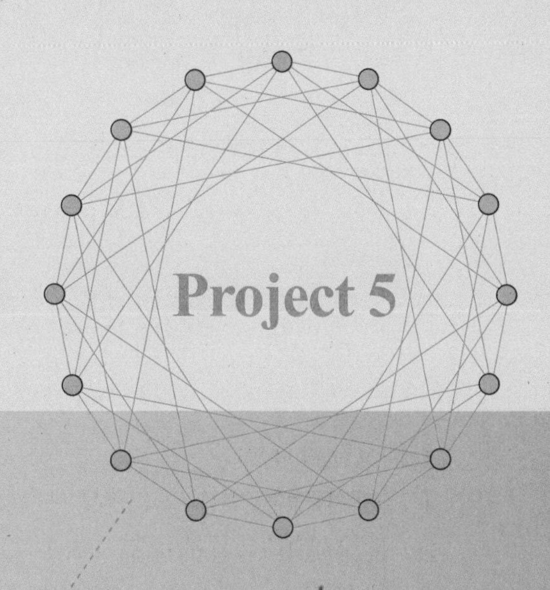

项目 5 构建RFID智能病房管理系统

项目情景

智能医疗是最近兴起的专有医疗名词，通过数据信息手段打造健康档案区域医疗信息平台，在此平台的基础上，利用先进的物联网技术，方便地实现患者与医务人员、医疗机构、医疗设备之间的互动，逐步达到智能化的医疗管理。

本项目通过RFID实现数据的便捷录入与实时存储更新，于后台进行数据的处理输出，使得患者易于上手操作，减轻了医务人员的工作量，各种医疗设备也能够方便地实现自助使用，数据处理的精度与速度都大大提高，因此整个医疗流程的效率也得到了很大提高。

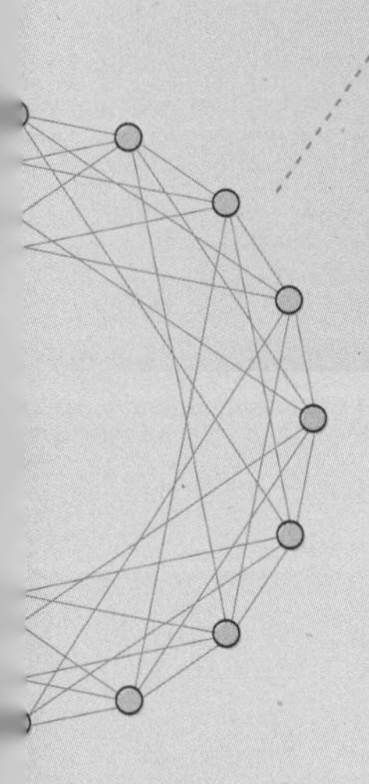

项目概述

本项目将通过4个任务完成整个智能医疗管理系统。首先需要建立完整的数据库结构，并完成串口信息的动态获取。然后完成病人挂号信息的自助获取，并依据该信息点对点控制病房实况和进行相关操作，所有数据实时且同步更新，保存后续查询和计费功能需要的信息数据项。

本项目的任务体系如图5-1所示。

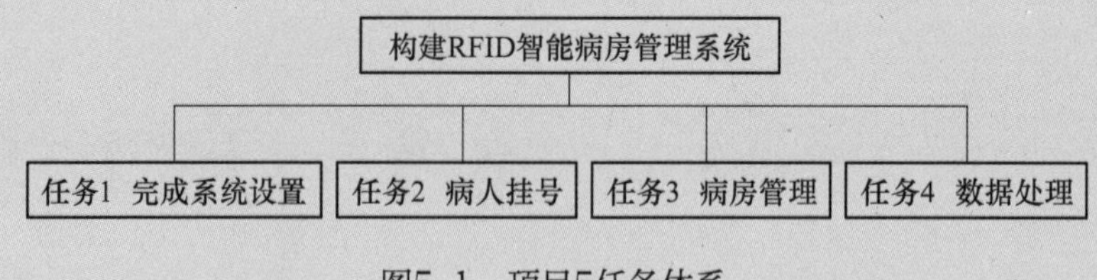

图5-1 项目5任务体系

硬件及软件环境

1）物联网实验操作台（产品型号：QX-WSXT）中的智能货架。

2）带有RFID芯片的标签。

3）装有Visual Studio 2010软件的计算机一台。

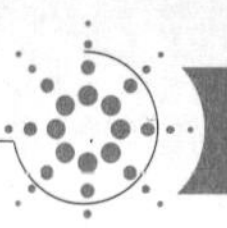

完成系统设置

任务分析

完成整个项目的整体设计，完成数据库的结构设计及相关的程序逻辑设计。

根据任务需求，完成系统运行的各项工作，具体包括以下两项：

1）数据库设计。

2）完成串口的动态获取。

任务实施

1. 新建项目

启动Microsoft Visual Studio 2010，新建Visual C#项目，项目名称为SmartTreatment。

2. 完成数据库的设计（使用Access 2007数据库）

1）新建data表，用于保存病人信息，具体表结构见表5-1。

表5-1 data表

字段名称	数据类型
ID	自动编号
姓名	短文本
性别	短文本
年龄	短文本
身高	短文本
体重	短文本
科别	短文本
入院号	数字
床号	数字
费用	数字

2）新建hj表，用于保存环境数值信息，具体表结构见表5-2。

表5-2 hj表

字段名称	数据类型
ID	自动编号
类型	短文本
数值	数字（双精度型）

3. 程序界面设计

1）新建窗体，添加Windows窗体CSPort.cs，Text属性设置为“串口选择”，Size属性为“278，225”。

2）添加“串口选择”部分的控件，具体见表5-3。

表5-3 “串口选择”控件列表及属性

对象名称	对象类型	属性	值
lvwPort	listView		
btnCh	Button	Text	交换串口名
btnOpen	Button	Text	打开串口并接收数据

界面完成后，效果如图5-2所示。

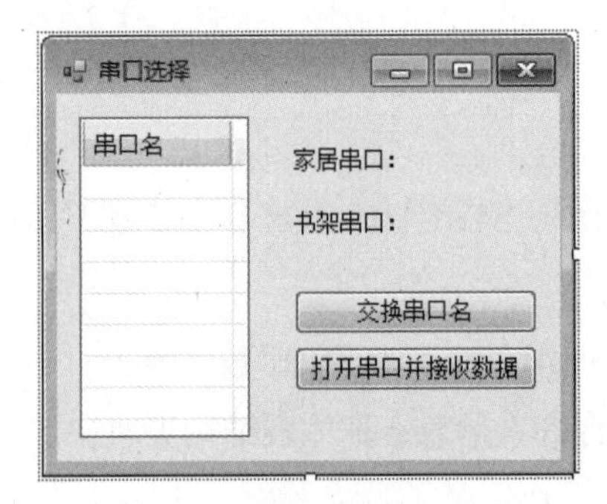

图5-2 串口选择界面效果

4. 代码编写

1）双击控件lvwPort，为其添加SelectedIndexChanged事件，代码如下：

```
private void listView1_SelectedIndexChanged(object sender, EventArgs e)
 {
if (lvwPort.SelectedIndices != null&& lVwPort.SelectedIndices.Count > 0)
      {
              ListView.SelectedIndexCollection s = lvwPort.SelectedIndices;
              label3.Text = lvwPort.Items[s[0]].Text;
              try
              {
                     label4.Text = lvwPort.Items[s[1]].Text;
              }
              catch
              { }
      }
 }
```

2）双击“交换串口名”按钮，添加btnCh的Click事件，代码如下：

```
private void btnCh_Click(object sender, EventArgs e)
```

```
{
        ck1 = label3.Text;
        label3.Text = label4.Text;
        label4.Text = ck1;
}
```

3）双击“打开串口并接收数据”按钮，添加btnOpen的Click事件，代码如下：

```
private void btnOpen_Click(object sender, EventArgs e)
{
    try
    {
        controller.OpenPort(label3.Text, 38400, Parity.Even, 8, StopBits.One);
        controller.StartReceiver();
        rfid.OpenPort(label4.Text, 9600, Parity.Even, 8, StopBits.One);
        rfid.StartReceiver();
        MessageBox.Show("打开串口成功");
        Main f2 = newMain();
        f2.Show();
        this.Hide();
    }
    catch
    {
        MessageBox.Show("打开串口失败");
    }
}
```

代码分析

“lVwPort.SelectedIndices != null&& lVwPort.SelectedIndices.Count > 0;

//SelectedIndices是选中项的下标组成的数组，与SelectedItems(的内容)是相对应的。

//lVwPort.SelectedIndices.Count <=0”表示一项都没有选中。

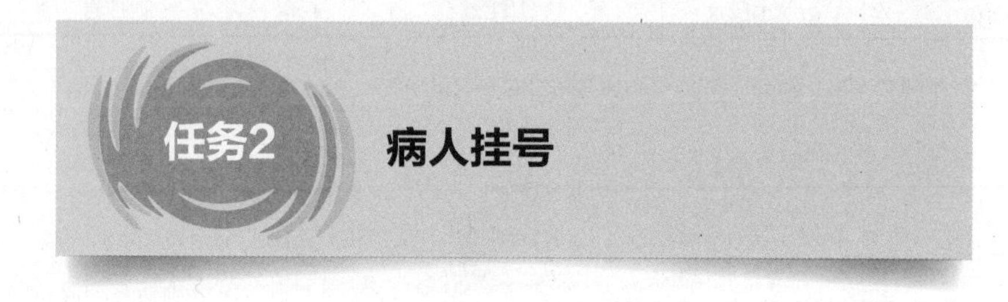

任务分析

本任务采用电子标签挂号，数据库及电子标签同步保存病人的相关信息，这样可为后续的计费及结算等操作带来便利。

根据任务需求，该任务模块应具备以下几个功能：

1）自动生成入院号和床号。

2）保存病人信息。

3）电子标签保存入院号及费用。

任务实施

1. 程序界面设计

1）新建窗体，添加Windows窗体Main. cs，Text属性设置为“医疗管理系统”，Size属性为“654，780”。

2）添加“挂号”部分的控件，具体见表5-4。

表5-4 “挂号”控件列表及属性

对象名称	对象类型	属 性	值
GB	GroupBox	Text	挂号
txtName	Textbox		
txtSex	Textbox		
txtAge	Textbox		
txtHeight	Textbox		
txtWeight	Textbox		
txtNum	Textbox		
cBxType	Combobox	Items [0]	心内科
		Items [1]	肾内科
		Items [2]	普外科
		Items [3]	五官科
txtBed	Textbox		
btnUp	Button	Text	提交
gpBNum	groupBox	Text	挂号

Label控件属性略。界面完成后，效果如图5-3所示。

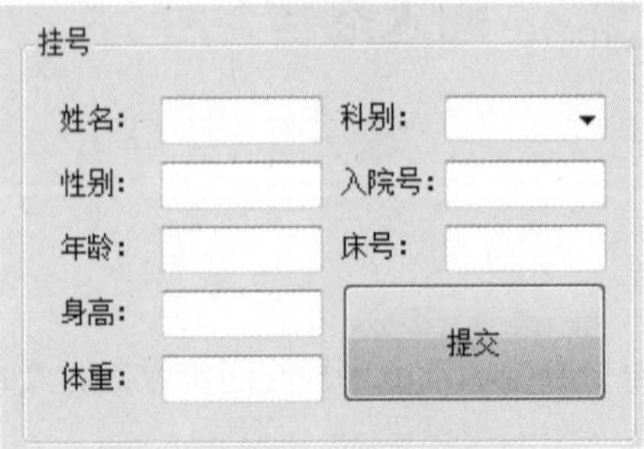

图5-3 挂号图

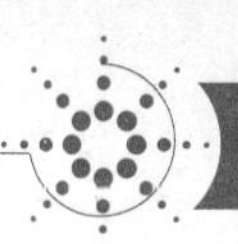

2. 代码编写

1）添加数据库连接的相关代码（略）。

2）双击“提交”按钮，添加相应代码：

```
private void btnUp_Click(object sender, EventArgs e)
{
    qian = 10;//默认挂号费为10元
    xrbq();//把入院号和已产生的费用写入标签数据块中的0和1位

    txtNum.Text = DateTime.Now.ToString("ddhhmmss");
    OleDbCommand ch = new OleDbCommand("select min(床号) as ch from data
    where 费用=0", conn);//查询目前闲置的最小的床号
    OleDbDataReader ch1 = ch.ExecuteReader();
    while (ch1.Read())
    {
        txtBed.Text = ch1["ch"].ToString();
    }
OleDbCommand gh = new OleDbCommand("update data set 入院号=" + txtNum.
Text + ",姓名='" + txtName.Text + "', 性别='" + txtSex.Text + "' ,年龄='" + txtAge.
Text + "', 身高='" + txtHeight.Text + "', 体重='" + txtWeight.Text + "' ,科别='" +
cBxType.Text + "', 费用='10'  where 床号=" + txtBed.Text + "", conn);
    gh.ExecuteReader();
MessageBox.Show("挂号成功");
OleDbCommand ch2 = new OleDbCommand("select min(床号) as ch from data
where 费用<10", conn);
OleDbDataReader chh = ch2.ExecuteReader();
while (chh.Read())
    {
        if (Convert.ToInt32(chh["ch"].ToString()) <= 9)
        {
            ryh = "00-00-00-" + chh["ch"].ToString();
            fy = "00-00-00-10";
        }
        txtBed.Text = chh["ch"].ToString();
        sqh = Convert.ToInt32(chh["ch"].ToString()) - 1;
    }
byte[] ry = Array.ConvertAll(ryh.Split(newchar[] { '-', ' ' }), o =>Convert.
ToByte(o, 16));
byte[] zfy = Array.ConvertAll(fy.Split(newchar[] { '-', ' ' }), o =>Convert.
ToByte(o, 16));
Form1.rfid.RFID.WriteDataBlock(0xffff, (byte)Convert.ToInt32(sqh), 0, ry);
Thread.Sleep(3000);
```

```
Form1.rfid.RFID.WriteDataBlock(0xffff, (byte)Convert.ToInt32(sqh), 1, zfy);

}

void xrbq()
{
if (qian < 100)
    {
        string xrbq = "00-00-00-"+Convert.ToInt32(qian);
        byte[] xr1 = Array.ConvertAll(xrbq.Split(newchar[] { '-', ' ' }), o =>Convert.
        ToByte(o, 16));
    }
}
```

代码分析

1）txtNum.Text = DateTime.Now.ToString("ddhhmmss");

//根据时间生成入院号，以当前时间的“日-小时-分-秒”的规则生成。

2）byte[] ry = Array.ConvertAll(ryh.Split(newchar[] { '-', ' ' }), o =>Convert.ToByte(o, 16));

CSPort.rfid.RFID.WriteDataBlock(0xffff, (byte)Convert.ToInt32(sqh), 0, ry);

//把入院号用“-”分割成数组，转换成byte型后，保存在RFID标签的0号数据块中。

任务分析

智能化的医院病房，病人能够更便捷地控制病房内的设施，并且能对病房内的环境情况有比较清晰的了解，能够更加便捷地与医生和护士联系，而且住院期间的各项费用也会更加透明。

对医院中的病房进行智能化管理。根据任务需求，该任务模块应具备以下几个功能：

1）实现环境监控。

2）实现病房中的各项操作（模拟），并且计费。

3）实现视频监控。

任务实施

1. 程序界面设计

添加控件，在Main.cs窗体中，添加“监控”和“病房环境及其费用”部分的控件，具体见表5-5和表5-6。

表5-5 “监控”控件列表及属性

对象名称	对象类型	属性	值
chtPeo	Chart	Size	156，240
chtHelp	Chart	Size	156，240
pbVd	PictureBox		
gpVd	groupBox	Text	监控

表5-6 “病房环境及其费用”控件列表及属性

对象名称	对象类型	属性	值
cblight	comboBox		
cbAir	comboBox		
btnUp	Button	Text	床头升 5元
btnEv	Button	Text	床头降 5元
dgvEv	DataGridView		
lbMon	Label	Text	已产生费用:
gpEnv	groupBox	Text	病房环境极其费用

界面完成后，效果如图5-4所示。

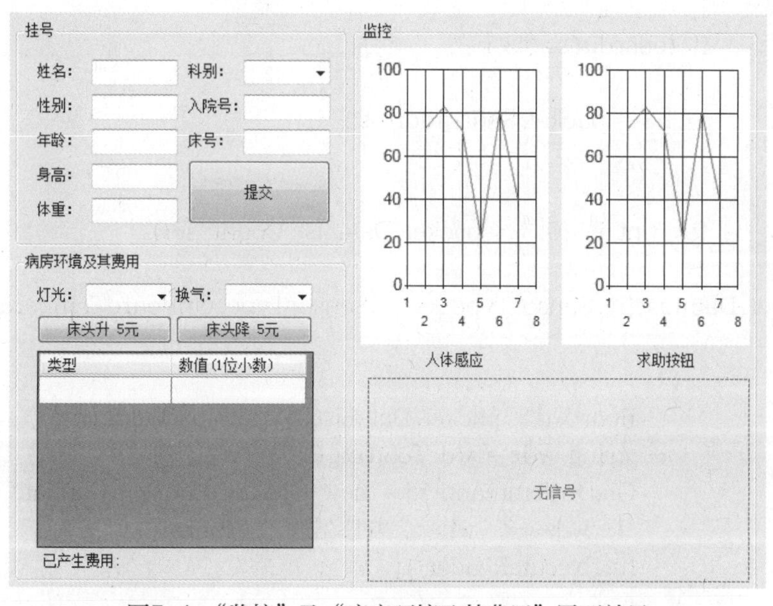

图5-4 “监控”及“病房环境及其费用”界面效果

2．代码编写

1）添加数据库连接的相关代码（略）。

2）完成“监控”部分的代码，添加controller_packet代码如下：

```
int time = 0;
ushort b1, b2, b3;
void controller_packet(object sender, BIPacketReceivedEventArgs e)
{
this.BeginInvoke(newAction(() =>
    {
        time++;
        if (Change.red == 1)
        {
                label5.ForeColor = Color.Red;
        }
BI25sUpgoingPacket packet = BI25sUpgoingPacket.ParseFromBinary(e.BinaryData);
if (packet != null)
        {
                string boardid = packet.BoardID.ToString();
                if (boardid == "1")
                {
                   b1 = packet.ShortAddress;
                }
                if (boardid == "2")
                {
                   b2 = packet.ShortAddress;
                }
                if (boardid == "3")
                {
                   b3 = packet.ShortAddress;
                }

                for (int i = 0; i < packet.DataList.Count; i++)
                {
if (packet.DataList[i].SensorType == BISensorType.OnBoardTemperatureSensor_
SHT10)
                  {
                        float wd = packet.DataList[i].GetFloatValue();
                        string wdz = wd.ToString();
                        OleDbCommand hj = new OleDbCommand("update hj set 数值='
                        " + wdz + "' where 类型='温度'", conn);
                        hj.ExecuteReader();
                  }
```

```
if (packet.DataList[i].SensorType == BISensorType.OnBoardHumiditySensor_
SHT10)
                {
                    float sd = packet.DataList[i].GetFloatValue();
                    string sdz = sd.ToString();
                    OleDbCommand hj = new OleDbCommand("update hj set 数值='
                    " + sdz + "' where 类型='湿度' ", conn);
                    hj.ExecuteReader();
                }
if (packet.DataList[i].SensorType == BISensorType.AmbientLightSensor_TSL2550D)
                {
                    float gzd = packet.DataList[i].GetFloatValue();
                    string gzdz = gzd.ToString();
                    OleDbCommand hj = new OleDbCommand("update hj set 数值='
                    " + gzdz + "' where 类型='光照度' ", conn);
                    hj.ExecuteReader();
                }
                if (packet.DataList[i].SensorType == BISensorType.SmogSensor_MQ2)
                {
                    float yw = packet.DataList[i].GetFloatValue();
                    string ywz = yw.ToString();
                    OleDbCommand hj = new OleDbCommand("update hj set 数值='
                    " + ywz + "' where 类型='烟雾' ", conn);
                    hj.ExecuteReader();
                }
if (packet.DataList[i].SensorType == BISensorType.GasSensor_MQ5)
                {
                    float wd = packet.DataList[i].GetFloatValue();
                    string wdz = wd.ToString();
                    OleDbCommand hj = new OleDbCommand("update hj set 数值='
                    " + wdz + "' where 类型='燃气' ", conn);
                    hj.ExecuteReader();
                }
                if (packet.DataList[i].SensorType == BISensorType.HumanIrSensor)
                {
                string rt = packet.DataList[i].GetDataAsString();
                    chtPeo.Series[0].Points.AddXY(time, rt);
                    if (time > 4)
                    {
                        chtPeo.ChartAreas[0].AxisX.Maximum++;
                        chtPeo.ChartAreas[0].AxisX.Minimum++;
                    }
                }
```

```
                if (packet.DataList[i].SensorType == BISensorType.ReedSwitch)
                {
                string qz = packet.DataList[i].GetDataAsString();
                    chtHelp.Series[0].Points.AddXY(time, qz);
                    if (time > 4)
                    {
                        chtHelp.ChartAreas[0].AxisX.Maximum++;
                        chtHelp.ChartAreas[0].AxisX.Minimum++;
                    }
                }
            }
        }
    }), null);
}
```

3）添加“病房环境及其费用”部分的代码，根据表5-7模拟使用灯光及换气价格，添加cmBLight和cmBAir的SelectedIndexChanged事件代码。

表5-7　模拟使用灯光及换气价格

灯　光		换　气	
开1盏	5元	普通换气	20元
开2盏	10元	30℃暖风	80元
开3盏	15元	16℃凉风	60元
开4盏	20元		

代码如下：

```
//将已产生的费用写入对应标签
void bq()
{
OleDbCommand mon = new OleDbCommand("select * from data where 姓名='" +
tetName.Text + "'", conn);
OleDbDataReader mon1 = mon.ExecuteReader();
while (mon1.Read())
    {
        money1 = Convert.ToInt32(mon1["费用"].ToString());
    }
    label15.Text = money1.ToString();
}
private void cblight_SelectedIndexChanged(object sender, EventArgs e)
{
    bq( );
    timer3.Enabled = true;
    time1 = 0;
    if (cblight.Text == "开1盏5元")
    {
```

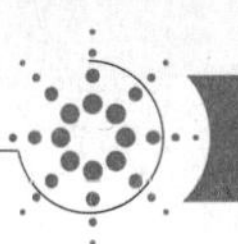

```
        money1 += 5;
        CSPort.controller.TTLIO.SetState(b2, BITtlIoLEDState.OFF, BITtlIoLEDState.
        OFF, BITtlIoLEDState.OFF, BITtlIoLEDState.ON);
    }
    if (cblight.Text == "开2盏10元")
    {
        money1 += 10;
        CSPort.controller.TTLIO.SetState(b2, BITtlIoLEDState.OFF, BITtlIoLEDState.
        OFF, BITtlIoLEDState.ON, BITtlIoLEDState.ON);
    }
    if (cblight.Text == "开3盏15元")
    {
        money1 += 15;
        CSPort.controller.TTLIO.SetState(b2, BITtlIoLEDState.OFF, BITtlIoLEDState.
        ON, BITtlIoLEDState.ON, BITtlIoLEDState.ON);

    }
    if (cblight.Text == "开4盏20元")
    {
        money1 += 20;
        CSPort.controller.TTLIO.SetState(b2, BITtlIoLEDState.ON, BITtlIoLEDState.
        ON, BITtlIoLEDState.ON, BITtlIoLEDState.ON);
    }
    if (cblight.Text == "全关免费")
    {
        CSPort.controller.TTLIO.SetState(b2, BITtlIoLEDState.OFF,
        BITtlIoLEDState.OFF, BITtlIoLEDState.OFF, BITtlIoLEDState.OFF);
    }
OleDbCommand uu = new OleDbCommand("update data set 费用=" + money1 + "
where 姓名='" + txtName.Text + "'", conn);
    uu.ExecuteReader();
}
private void cbAir_SelectedIndexChanged(object sender, EventArgs e)
{
    bq();
    time2 = 0;
    timer4.Enabled = true;
    if (cbAir.Text == "普通换气20元")
    {
        money1 += 20;
    }
    if (cbAir.Text == "30℃暖风80元")
    {
        money1 += 80;
```

```
        }
        if (cbAir.Text == "16℃凉风60元")
        {
            money1 += 60;
        }
    OleDbCommand uu = new OleDbCommand("update data set 费用=" + money1 + " where 姓名='" + txtName.Text + "'", conn);
        uu.ExecuteReader();
    }
```

4）分别双击“床头升5元”和“床头降5元”按钮，分别添加Click事件，相应代码如下：

```
private void btnUp_Click(object sender, EventArgs e)
{
    bq();
    a = 0;
    money1 += 5;
OleDbCommand uu = new OleDbCommand("update data set 费用=" + money1 + " where 姓名='" + txtName.Text + "'", conn);
    uu.ExecuteReader();
    timer5.Enabled = true;
}

private void btnBDown_Click(object sender, EventArgs e)
{
    bq();
    a = 0;
    money1 += 5;
    timer5.Enabled = true;
OleDbCommand uu = new OleDbCommand("update data set 费用=" + money1 + " where 姓名='" + txtName.Text + "'", conn);
    uu.ExecuteReader();
}
```

5）使用计时器动态刷新dGVEv的数据，用于显示实时环境情况，添加代码如下：

```
private void timer1_Tick(object sender, EventArgs e)
{
    DataTable dt = new DataTable();
    OleDbCommand select = new OleDbCommand("select * from hj", conn);
    OleDbDataReader select1 = select.ExecuteReader();
    dt.Load(select1);
    dGVEv.DataSource = dt;
}
```

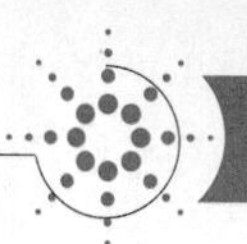

6）双击lbMon控件，添加Click事件，用于验证数据库中的费用与标签里保存的费用数据是否一致，代码如下：

```
private void lbMon_Click(object sender, EventArgs e)
{
OleDbCommand mon = new OleDbCommand("select * from data where 姓名='" + txtName.Text + "'", conn);
OleDbDataReader mon1 = mon.ExecuteReader();
while (mon1.Read())
    {
        mone = Convert.ToInt32(mon1["费用"].ToString());
    }

    if (label15.Text == mone.ToString())
    {
        if (txtBed.Text != null)
        {
            CSPort.rfid.RFID.ReadTag(0xffff, (byte)Convert.ToInt32(txtBed.Text),
            BIRfidReadMode.Manual15693);
            dq = 1;
        }
    }
    else
    {
        Change f3 = new Change();//Change窗体用于确认费用是否同步（界面及代码略）
        f3.Show();
    }
}
```

7）双击控件pbVd，添加Click事件，实现视频监控功能，代码如下：

```
public int hHwnd;
[DllImport("avicap32", CharSet = CharSet.Ansi, ExactSpelling = true, SetLastError = true)]
public static extern int capCreateCaptureWindowA([MarshalAs(UnmanagedType.VBByRefStr)] refstring lpszWindowName, int a1, int a2, int a3, int a4, int a5, int a6, int a7);
[DllImport("user32", CharSet = CharSet.Ansi, ExactSpelling = true, SetLastError = true)]
public static extern bool DestroyWindow(int hwnd);
[DllImport("user32", CharSet = CharSet.Ansi, ExactSpelling = true, SetLastError = true, EntryPoint = "SendMessageA")]
public static extern int SendMessage(int c1, int c2, int c3, [MarshalAs(UnmanagedType.AsAny)] object c4);
```

```
//打开摄像头
void sx()
{
    label13.Text = " ";
    int intwidth = pbVd.Width;
    int intheight = pbVd.Height;
    int deviced = 0;
        string refdeviced = deviced.ToString();
        hHwnd = capCreateCaptureWindowA(ref refdeviced, 1342177280, 0, 0,
intwidth, intheight, pBxVd.Handle.ToInt32(), 0);
    if (SendMessage(hHwnd, 0x40a, 0, 0) > 0)
    {
        SendMessage(hHwnd, 0x435, -1, 0);
        SendMessage(hHwnd, 0x434, 0x42, 0);
        SendMessage(hHwnd, 0x432, -1, 0);
    }
    else
    {
        DestroyWindow(hHwnd);
    }
}

int sx1 = 0;//用于保存当前摄像头是否已经打开
private void pbVd_Click(object sender, EventArgs e)
{
    if (sx1 == 0)
    {
        sx();
        sx1++;
        label13.Text = " ";
    }
    else
    {
        DestroyWindow(hHwnd);
        sx1 = 0;
        label13.Text = "无信号";
    }
}
```

代码分析

略

任务分析

智能化的医院病房，数据的管理及处理尤其重要，不仅要保证数据的准确性，而且要为医院的管理带来方便。

根据任务需求，该任务模块应具备以下功能：

1）病房数据的查询。

2）住院费用的统计。

任务实施

1. 程序界面设计

添加控件，在Main. cs窗体中，添加“病房数据”部分的控件，具体见表5-8。

表5-8 “病房数据”控件列表及属性

对象名称	对象类型	属性	值
lvData	listView		
btnSelect	Button	Text	入院号、姓名或床号查找
btnDelete	Btton	Text	删除选中条目
gpData	groupBox	Text	病房数据

界面完成后，效果如图5-5所示。

图5-5 病房数据界面效果

2. 代码编写

1）绑定lvData的数据，在timer1_Tick事件中添加如下代码：

```
OleDbCommand see = new OleDbCommand("select * from data where 费用>=10",
```

```
conn);
OleDbDataReader ss = see.ExecuteReader();
int i = 0;
lvData.Items.Clear();
while (ss.Read())
{

    lvData.Items.Add(ss["入院号"].ToString());
    lvData.Items[i].SubItems.Add(ss["姓名"].ToString());
    lvData.Items[i].SubItems.Add(ss["性别"].ToString());
    lvData.Items[i].SubItems.Add(ss["年龄"].ToString());
    lvData.Items[i].SubItems.Add(ss["身高"].ToString());
    lvData.Items[i].SubItems.Add(ss["体重"].ToString());
    lvData.Items[i].SubItems.Add(ss["科别"].ToString());
    lvData.Items[i].SubItems.Add(ss["床号"].ToString());
    lvData.Items[i].SubItems.Add(ss["已产生费用"].ToString());
    i++;
}
bq();
```

2．双击lVwData控件，添加SelectedIndexChanged事件，代码如下：

```
private void lvData_SelectedIndexChanged(object sender, EventArgs e)
{
if (lvData.SelectedItems.Count == 0)
    { }
else
    {
        site = lvData.SelectedItems[0].Text;
OleDbCommand select = new OleDbCommand("select * from data where 入院号="
+ site + "", conn);
OleDbDataReader select1 = select.ExecuteReader();
while (select1.Read())
        {
            txtName.Text = select1["姓名"].ToString();
            txtSex.Text = select1["性别"].ToString();
            txtAge.Text = select1["年龄"].ToString();
            txtHeight.Text = select1["身高"].ToString();
            txtWeight.Text = select1["体重"].ToString();
            cBxType.Text = select1["科别"].ToString();
            txtNum.Text = select1["入院号"].ToString();
            txtBed.Text = select1["床号"].ToString();
        }
    }
}
```

代码分析

略

拓展任务—— 实现预约挂号

任务分析

预约挂号，挂专家号更是“一号难求”，这是当前许多大型医院的普遍现象。预约挂号是各地近年来开展的一项便民就医服务，旨在缩短看病流程、节约患者时间。这种预约挂号大多通过医疗机构提供的电话或者网络进行，基本上是免费的或只收取很少的手续费。

预约挂号需要事先登记患者的信息，这样可以减少在医院挂号窗口排队等待之苦，因此它一定程度上也有利于改善就医环境，促进“实名制”的推行，杜绝黄牛等现象。

1）创建数据库。

2）能够选择不同的专家挂号。

3）能够选择不同的时间段挂号。

检
43